Adobe Photoshop 大师班

ADOBE MASTER CLASS
ADVANCED COMPOSITING
IN PHOTOSHOP

高级合成的秘密

[美] Bret Malley 著

徐娜 译

人 民 邮 电 出 版 社

北 京

图书在版编目（ＣＩＰ）数据

Adobe Photoshop大师班 ： 高级合成的秘密 ／（美）
马乐瑞（Malley, B.）著 ； 徐娜译. -- 北京 ： 人民邮电
出版社，2015.5（2019.8 重印）
ISBN 978-7-115-38816-2

Ⅰ．①A… Ⅱ．①马… ②徐… Ⅲ．①图象处理软件
Ⅳ．①TP391.41

中国版本图书馆CIP数据核字(2015)第073587号

版权声明

Authorized translation from the English language edition，entitled ADOBE MASTER CLASS : ADVANCED
COMPOSITING IN PHOTOSHOP ;SECRETS OF BRINGING THE IMPOSSIBLE TO REALITY ,1st Edition，
978-0-321-98630-6 by MALLEY，BRET，published by Pearson Education，Inc，publishing as Adobe Press，
Copyright © 2014 by Bret Malley.

All rights reserved．No part of this book may be reproduced or transmitted in any form or by any means，
electronic or mechanical，including photocopying，recording or by any information storage retrieval system，
without permission from Pearson Education ,Inc .CHINESE SIMPLIFIED language edition published by POSTS
AND TELECOMMUNICATIONS PRESS，Copyright © 2015.

本书中文简体字版由美国Pearson Education授权人民邮电出版社出版。未经出版者书面许可，不得以任何
方式复制或抄袭本书任何部分。

版权所有，侵权必究。

♦ 著　　　　[美]Bret Malley
　　译　　　　徐　娜
　　责任编辑　王峰松
　　责任印制　张佳莹　焦志炜

♦ 人民邮电出版社出版发行　　北京市丰台区成寿寺路 11 号
　　邮编　100164　电子邮件　315@ptpress.com.cn
　　网址　http://www.ptpress.com.cn
　　北京富诚彩色印刷有限公司印刷

♦ 开本：880×1230　1/24
　　印张：14.67
　　字数：376 千字　　　　　　　2015 年 5 月第 1 版
　　印数：6 601 – 7 600 册　　　2019 年 8 月北京第 5 次印刷
　　著作权合同登记号　图字：01-2014-5448 号

定价：79.00 元
读者服务热线：(010)81055410 印装质量热线：(010)81055316
反盗版热线：(010)81055315

内容提要

合成是每一位商业设计师的必修课，也是全世界无数视觉爱好者的必备技能。本书就是一本专门讲解合成的书，包括合成最核心的几个环节：软件工具、摄影、创意思路和方法。

作为 Adobe 大师班系列图书中的一册，本书的作者具有丰富的合成经验，并且充满了各种奇思妙想的创意，这些都通过本书得以体现。通过本书的学习，你也可以随心所欲地实现任何幻想中的画面。

本书非常适合有一定软件基础的商业设计师阅读，也适合作为设计专业老师、学生的参考用书。

感谢艾琳，没有她的帮助，我不可能完成这本书。

感谢凯伦，他永远是我的超级英雄，我的世界就是为他而存在。

感谢我妈妈为我所做的一切，虽然饼干不是很好吃，但我还是吃了一点。

我爱他们。

致谢

首先要感谢琳达·拉夫拉姆，她敏锐的编辑头脑，坚韧的毅力，实时的反馈意见和无限的耐心让这本书在五个月内得以完成。感谢你的帮助，在这个领域你是真正的天才（通常我认为我自己就是天才）。有你的加入，让我感到自豪。也非常感谢韦恩·帕尔默帮助我查阅许多技术难题的文档，并给我提出许多语句修饰的意见。从一开始的恐慌（当我得到一份新的全职的写作工作）到利用我所学的知识进行写作再到书的最后出版，这一路多亏了瓦莱丽·威特的照顾：感谢你对我的关照和对我提交的每一章内容的不断鼓励。同样还要感谢那些为这本书默默工作的人们，利萨、伯大尼·斯托、金·斯科特和 Peachpit 团队中的其他人员，我知道你们是最棒的。对你们的贡献和关照，我十分感激。感谢维克托·加文达介绍给我 Peachpit 这么优秀的团队，并有幸成为了他们中的一员。我永远不会忘记与你的第一次谈话和与你写作过程中邮件交流的点点滴滴，谢谢！还要感谢里克·盖特给我的建议和鼓励，是你对我无限的信任才有了这本书的出版。

感谢奇摩卡塔社区学院的同事和学生们对我的耐心与理解，在写作这本书的过程中我有好几个月都睡眠不足、精神萎靡，说话语无伦次。是你们一直都在鼓励我，支持我，激励我，谢谢你们！

还要特别感谢灯光师杰迪和 www.JKrump.com 网站的克伦普，模特米兰达·杰恩斯对这本书的支持与贡献。感谢艺术家泽夫和阿里扎·胡佛、埃里克·约翰逊、基督徒赫克、霍利·安德烈斯、马丁·德·帕斯奎尔、马里奥·桑切斯·内瓦多和安德烈·沃林。你们是如此的富有天赋和创意，我希望读者能够跟随着你们并像我一样关注着你们未来的创作。

感谢我的家人在这数个月里给予我的建议，对我的耐心和忍耐，是你们让我完成了这一切！

再一次感谢科勒的美梦，艾琳让它变成了现实，还有我妈妈对我无限的爱。我永远爱你们。

布雷特·马乐瑞是著名的数码艺术家和大学讲师，他和妻子艾琳及儿子凯伦一起居住在俄勒冈州的波特兰市。他拥有美国雪城大学（Syracuse University）计算机艺术的艺术硕士学位和加利福尼亚大学圣克鲁斯分校的数字媒体学士学位，现在大学里讲授摄影、多媒体、设计和 Photoshop 课程。作为一名计算机艺术家，他十分热衷于各种数码工具和艺术制作，在所有的应用程序中尤其喜爱 Photoshop。与此同时，布雷特还是一名爱尔兰宝思兰鼓的鼓手、徒步者、魔术师、电影制作者、旅行者、滑雪者、迪吉里杜管的演奏者和猫的爱好者。有时布雷特对人们总是以第三人称的方式描述他们的宠物而感到不解。另外，他还是一个极为守时的人。

徐　娜，燕京理工学院艺术学院专业教师，IFEC 成员，致力于研究文字设计，参与过多项国家级科研项目。曾出版高等院校"十二五"规划教材《多媒体界面设计》、《风景写生》。参与译著《Photoshop 混合模式深度剖析》，撰写学术论文多篇，指导学生在多项设计类比赛中获奖。

Adobe Photoshop 有着无限的创造力，可以对许多不同的图像进行合成，以创造出一个新的真实的图像或者是一个混乱的图像。Adobe 大师课程的目标：一是通过 Photoshop 高级合成以激发你的想象力和创造力，二是教授工具的使用，技术和操作方法。你是否具有儿童般超级无穷的想象力，想让生活中充满未知的生物，实现这美丽的梦境，就让这本书做你的指导吧。它几乎包含了所有 Photoshop 合成的方法，因此你不仅仅能够实现你所有极富想象力的作品，还能够像一个专业的艺术家一样创造出新的方法。

《Adobe Photoshop 大师班：高级合成的秘密》这本书能够拓展你对 Photoshop 和合成的理解及使用。除了对基本工具、图层和调整的技巧和功能进行讲解外，还会讲解一些关于提高图像合成的编辑方法。无论你是新手还是专业人员，Photoshop 这个超级强大的软件永远都有很多值得学习的地方，这本书就能够帮助你学习到更多！

关于这本书

《Adobe Photoshop 大师班：高级合成的秘密》包含三部分：

· 第一部分对工具的使用和后面教程中所使用的原理进行了总结，并概述了一些摄影的基本知识和合成技巧。这一部分对于 Photoshop 的新手来说非常实用。

· 第二部分到玩火的案例为止都是教程。（以为我在开玩笑吗？详情请看第八章）在这个部分，通过一步一步的操作和实践对原理进行讲解，而不是单纯地跟着我操作。

· 第三部分展示了大量的创意案例并对其构思和操作进行了讲解。这能够让你获得自己的创造力，并通过这些方法给予你一些启示和帮助。我就是用这种方法来学习的。

第三部分的章节中还增加了一些其他的精彩内容：在"大师访谈"中所采访的这些数字艺术大师们个个才华横溢。希望你能够像我一样受到他们的启发，将他们的人生智慧铭记于心，然后创造出自己的优秀人生。

下载扩展章节和教程资源

为了突出重点，我对每一章的内容都进行了精挑细选。可能在你学完所有章节后，只有一点点能够派上用场。所以作为额外的赠送，我又写了一章名为"飞行的时间：科幻的速度"。这章包括快速绘画（尽可能快地创造出一个作品），当你快到创作最后期限的时候，这既是个人挑战也是一种必备的能力。

无论是哪种方式，都能够使你的工作得到提升。

为了能够更好地学习第二部分的教程，你需要每一章中相对应的资源文件。登录www.peachpit.com，注册然后下载，输入书号或者直接在书籍产品页面注册。在这本书的页面上，点击注册你的书籍链接。这本书将显示在你注册的产品列表中，并附有这本书扩展内容的链接（包括第十六章的扩展内容，印刷版中不包含这部分内容）。

中文简体翻译版图书的读者请登录异步社区 www.epubit.com.cn/book/details/1814，注册后可下载配套的资源文件。

适用对象

本书对满足以下这些需求的人比较适用。

· 渴望学习 Photoshop 的无痕编辑技术，尤其是合成技法。

· 喜欢科幻的世界，想要打造出自己的想象空间。

· 想要了解混合模式，用它获得惊人的效果。

· 想要更充分地掌握基础工具的操作。

· 想要学习如何用自定义的纹理和图像进行绘画。

· 想要掌握蒙版、智能对象和其他无损编辑的技术和方法。

· 正在学习摄影并为其建立了照片档案。

· 对合成技术、色彩渲染、光感和其他的调片方法充满了兴趣。

· 喜爱 Photoshop，但对使用 Photoshop 的技术手册感到无力。

总之，这是一本非常实用的书，我真诚地希望你能够从中有所收获！

深入的学习方法

熟练 Photoshop 就像掌握一门语言一样：重复是关键。如果能够每天练习的话，或者至少一周两次，效果会很明显。Photoshop 集中授课的方式已经表明仅仅一周一次的练习量是不够的。练习时不要忘记使用快捷键。我的学生经常会问我快捷键是否有用，别忘了这是在做艺术，而不是编程。快捷键肯定是非常有用的。

对于大多数人来说，他们希望能够更加

专业地使用 Photoshop，快捷键就能大大地增加其使用效率。

的确有很多快捷键，如果把它们分成组的话，就好记很多。对不理解的东西，我也很难记得住。虽然现在对操作的方法还没有完全掌握，但是在学习的过程中还是要记一些快捷键。

无论如何，尽量多练习，重复至关重要。重复练习能够快速地增加你的记忆，让它成为你的潜意识行为。所以每周找一些有意思的主题去练习，不断地进行重复。最后你会发现，使用 Photoshop 已经成为你的本能，一定可以创造出优秀的作品。

25 年前，我是从坐在爸爸的腿上开始我计算机艺术职业生涯的，从那以后我就一直在用计算机创造艺术作品。我一直深爱着数码这个媒介，基于这个媒介上的创意工具也会越来越多。现在我已经获得了两个数字艺术的学位，但依然在尝试更多的工具进行创作。

工具和技巧都不重要，最重要的是要有创意的热情和远见。我希望这本书能够点燃你的想象，并通过 Photoshop 完美地实现它。在 Photoshop 的世界里没有什么是不可能的，现在好好地享受和学习它吧！

目录

第一部分　基础篇

第一章　入门 / 002

区域分布 / 004

文件格式 / 010

有效的工作方法 / 013

工作流程 / 015

第二章　初级基础 / 016

工具箱 / 018

移动工具 / 018

移动工具的变换功能 / 019

其他变换功能 / 020

快速复制 / 021

选择工具和技巧 / 022

套索工具 / 024

快速选择工具 / 024

魔棒工具 / 025

调整选区 / 026

调整半径工具 / 028

修复图章工具 / 030

纹理画笔 / 035

小结 / 037

第三章　图层和图像处理 / 038

无损编辑 / 038

图层管理 / 041

蒙版 / 043

混合模式 / 049

智能对象和图层样式 / 054

小结 / 055

第四章　调整图层和滤镜 / 056

调整图层 / 058

滤镜 / 065

小结 / 071

第五章　摄影与合成 / 072

相机类型 / 072

镜头和传感器尺寸的影响 / 077

控制曝光 / 078

配件 / 082

在 Adobe Camera Raw

里编辑 / 083

素材拍摄 / 089

点亮它！ / 094

小结 / 096

第二部分　教程篇

第六章　准备与管理 / 098

合成形式 / 098

创建图像板 / 100

Adobe Bridge 的等级和筛选 / 107

使用标签：事半功倍 / 111

小结 / 112

第七章　超级合成 / 114

制作背景 / 114

原位粘贴 / 117

制作蒙版 / 118

调整曲线和颜色 / 122

修复 / 127

微调光线和效果 / 129

小结 / 132

第八章　火焰的混合 / 134

创作前的准备 / 136

手的处理 / 136

使用混合模式去除背景 / 138

绘制火的草稿 / 139

选择火焰 / 141

烟和手的混合 / 149

增强混合纹理 / 152

着色 / 154

曲线调节色调 / 156

叠加混合模式的减淡和加深 / 158

小结 / 159

**第九章　塑造氛围，制作沙粒和
　　　　破损效果 / 160**

整合资源 / 160

使用自适应广角滤镜进行修正 / 162

给城市添加蒙版 / 165

给草地添加蒙版 / 168

添加山脉 / 170

云层的添加与调整 / 172

室内和室外摄影的结合 / 175

完善建筑的破损效果 / 184

添加氛围 / 188

最后的润色 / 189

小结 / 194

第三部分　创意篇

第十章　掌握基本纹理 / 196

步骤 1：鱼的创意 / 198

步骤 2：建立逻辑顺序 / 200

步骤 3：转换为智能对象 / 201

步骤 4：给鱼使用蒙版 / 202

步骤 5：缩放智能对象 / 203

步骤 6：给鱼安置上青蛙的眼睛 / 204

步骤 7：火和水元素的使用 / 206

步骤 8：使用扭曲进行变形 / 208

步骤 9：将鱼的色调变冷 / 210

步骤 10：调整颜色其浓度不变 / 211

步骤 11：幻光画笔 / 213

步骤 12：发光效果 / 214

小结 215

大师寄语：马里奥·桑切斯·内瓦多 / 216

第十一章　求你了，快让爸爸下来！ / 220

合成前的准备 / 222

步骤 1：构思场景 / 222
步骤 2：开始拍摄 / 224
步骤 3：摆放物体 / 225
步骤 4：挑选最佳图像 / 225
步骤 5：编辑 RAW / 227
步骤 6：干净的背景图像 / 228
步骤 7：整理 / 228
步骤 8：再次选择 / 229
步骤 9：复制和原位粘贴 / 230
步骤 10：调整选区 / 231
步骤 11：添加蒙版 / 233
步骤 12：绘制蒙版 / 233
步骤 13：给调整图层使用剪贴蒙版 / 234
步骤 14：使用仿制图章工具去除指印 / 236
步骤 15：多种方法的结合 / 238
步骤 16：调整光线和效果 / 239
小结 / 241
大师寄语：泽夫和阿里扎·胡佛 / 242

第十二章　狩猎 / 246
步骤 1：由照片产生的灵感 / 248
步骤 2：进行创意 / 249
步骤 3：拍摄物体 / 250
步骤 4：拼合 / 251
步骤 5：给文件夹添加蒙版 / 254
步骤 6：给猛犸添加毛皮 / 257
步骤 7：调整猛犸的光线和颜色 / 260
步骤 8：进一步进行调整 / 262

步骤 9：完善洞穴人 / 263
步骤 10：火山 / 265
步骤 11：调整色调 / 266
小结 / 267
大师寄语：霍利·安德烈斯 / 268

第十三章　塑造纹理：规划 / 272
步骤 1：由道具产生的灵感 / 272
步骤 2：创建自然的图像板 / 274
步骤 3：绘制纹理 / 275
步骤 4：绘制地图 / 279
步骤 5：塑造光线 / 282
小结 / 283
大师寄语：马丁·德·帕斯奎尔 / 284

第十四章　大型场景 / 288
步骤 1：素材照片 / 290
步骤 2：创建图像板 / 291
步骤 3：锐化和减少杂色 / 292
步骤 4：强化前景，加强景深 / 294
步骤 5：给商场使用蒙版 / 296
步骤 6：调整背景 / 298
步骤 7：加入废旧感，将 X 扔到一边 / 302
步骤 8：制作云雾效果 / 304
步骤 9：进行最后的润色 / 306
小结 / 307
大师寄语：埃里克·约翰逊 / 308

第十五章　史诗般的奇幻景观 / 312

步骤 1：铺设地面 / 312

步骤 2：调整大小及透视 / 316

步骤 3：填充画面场景 / 317

步骤 4：调整水势 / 319

步骤 5：植树 / 323

步骤 6：用石头搭建茅草屋 / 324

步骤 7：用画笔绘制茅草屋顶 / 327

步骤 8：用两块木板制作水车 / 329

步骤 9：插入小鸟 / 331

步骤 10：对整体效果进行润色 / 332

小结 / 333

大师寄语：安德烈·沃林 / 334

第一部分

基础篇

第一章

入门

本章内容：

- 工具的分布
- 快捷键菜单
- 文件格式
- 自定义工作区
- 工作流程

Adobe Photoshop 的功能十分强大，光是掌握导航就有些难度。学习它的最好办法，就是像了解一个城市一样：先了解主要街道，然后了解其他的街道。即使从头到尾地阅读 Adobe Photoshop 的官方手册，如果没有基本的了解还是很难，你需要建立一个场景将所有的事物联系起来——至少我是这样学习的。关键是要不断地进行尝试！在历史记录里可以不断地返回重做（和真实不同，我也总是不断地返回重做）。所以一定要有勇气，不断地尝试！

后面的章节将通过案例对大量的工具进行讲解，而此章主要是基础知识的讲解，及掌握 Adobe Photoshop 的页面布局。

▶ 超能力（2013）

区域分布

本书主要使用了 Adobe Photoshop CC，但有时会与 CS5 和 CS6 进行比较。不用担心，无论是什么版本，所有的操作都是一样的。如果是默认的设置，应该和图 1.1 相同，左边是熟悉的工具栏。第二章将会对这些工具进行详细的介绍。在工作的过程中，有一些工具经常会被使用。如果怕出错，可以在操作前转换成手的工具（H）移动鼠标，这样比较安全。

菜单栏　　　　　　　　　　选项栏

工具栏　　　　　　　　　　　　　　　　面板

图 1.1　这是我的工作区。在基本的工作区中又增加了两个面板。

右边的位置上是图层面板、颜色选择器、调整面板、笔刷面板和其他的一些面板（图1.2）。在使用这些控件时，要记得打开面板菜单，一般都在面板的右上角。要记忆一些面板的位置和快捷键。即使不用这个控件，也要把鼠标放在上面花一两秒钟看看它提示窗中的名字。

如果工具和面板丢失了，如图1.1所示。选择窗口 > 工作区 > 复位基本功能，重置工作区。（Photoshop最牛的地方就是它可以重置。）或者，从右上角的下拉菜单中选择新建工作区（图1.3）。如果不确定当前的工作区域，可以通过下拉菜单进行确定。默认的工作区域（取决于Photoshop的版本）有基本功能工作区、摄影工作区、3D工作区、动感工作区（动画和视频）和绘画工作区。不同的工作区有不同的工具和面板以适合不同的需要。对于刚开始接触Photoshop的人来说，基本功能工作区比较好用，因为它包含的面板相对比较少，并且对各种编辑都适用（图1.4）。

图 1.2 虽然与之前的版本相比面板变化很大，但它依然位于 Photoshop 的右边。

图 1.3 在别人使用后重置工作区是一种很好的习惯。

图 1.4 基本功能工作区中的面板包含的内容十分全面。

在所有的工作区内，菜单栏永远在选项栏之上（图1.5）。使用快捷键能够提高工作效率，专业人士都在使用。好好看看菜单的快捷键，在每次打开 Photoshop 时要试着记住 1~3 个操作的快捷键，你会立刻成为专业人士。

图1.5 每一个版本的 Photoshop 都有一个这样的菜单栏。

图1.6 使用文件菜单下的最近打开文件的选项，能够快速地找到最近编辑的文件，非常好用。

- 打开和保存命令在文件菜单的选项里，也可以通过 Adobe Bridge 打开和保存文件（图1.6）。如果是 CS5 或者更早的版本，要时刻记得按 Ctrl/Cmd+S 快捷键进行保存。新版本默认具有经常自动保存功能。自动保存功能非常有用，但有时也会带来麻烦，这完全取决于文件的大小和工作流程。在制作大型合成图像时，自动保存会花费大量的时间，在保存的过程中不能再次保存。我一般会关闭自动保存功能，采用手动保存。后台存储功能是 CS6 和 CC 版本的一个新增内容，它支持多任务处理。

- 编辑菜单是用于操作和撤销操作的（图1.7）：复制、粘贴、原位粘贴（粘贴在相同的位置上）和还原。后退一步能够不断地反复使用，以至于还原到之前的一些操作。在使用的过程中，后退经常是不够用的，所以还可以打开历史记录面板返回到更早的操作。后退一步在使用的过程中非常好用，通过它能够返回到之前的操作，从而重新进行编辑。操控变形放在这个菜单里好像有点不太适宜，但它真的很棒。像其他的变形工具一样，通过在图像上点选关键点进行整体的操控（因此而得名），有点像提线木偶。这一部分会在后面的教程章节中深入地讲解。

- 图像菜单是用以调整单独图层的色彩平衡、曲线、方向、替换颜色和一系列有损编辑——这种有损的结果会一直存在（图 1.8）。在后续的章节中我们会讲授怎么样进行无损编辑，这些尝试也非常有意思。在工作中我经常会使用图像大小和画布大小，因此记住它们的快捷键十分有用。

- 图层菜单是用以改变和调整图层的，包含有编组、拼合、合并、重命名等。在第三章中会对它进行深入的讲解，包括快捷键和一些提高效率的工作方法。

- 类型菜单是在编辑文本的时候才会使用的菜单。在本书中不会讲解太多，但有机会的话最好多尝试一下。

- 选择是另一个需要快速掌握快捷键的菜单（见侧栏中的"快捷键一览表"）。如果你对有些快捷键不是很喜欢的话，也可以手动修改。

图 1.7 编辑菜单的快捷键是使用最为频繁的，其中还包含一些非常好用的变换功能，像操控变形。

图 1.8 图像菜单是进行图像调整的，多数情况是要实现无损编辑。

- 滤镜能够让图层产生超级棒的效果（图 1.9）。从模糊到减少杂色，这些滤镜在高级编辑和高级合成中起着至关重要的作用。在后面的教程里会大量使用这个菜单的内容。

提示　Photoshop 每个版本的滤镜都不相同。

- 3D 是在 2D 图像编辑上新增加的内容。我在工作中很少使用它，但是如果你是个 3D 建模师的话，这个选项对你就很有用。（在 Photoshop 旧版本上是没有 3D 这个选项菜单的。）
- 视图是经常用以控制 Photoshop 辅助视觉元素操作的菜单，如标尺、参考线、对齐功能和其他布局工具。
- 窗口菜单也是非常有用的，它包含了 Photoshop 中使用的所有面板（图 1.10）。如果不小心把使用的面板关了，也可以从这里找到。使用历史面板可以追踪之前的操作记录（有时也为了返回），就像阿司匹林治疗头痛一样非常有效。画笔面板也是经常使用到的。如图 1.1 所示，我喜欢把它们折叠成图标存放在那 。

图 1.9　滤镜菜单中一般都会有模糊和镜头校正滤镜。

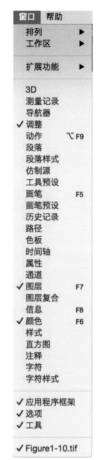

图 1.10　当调整、颜色和图层这些面板丢失时，可以通过窗口菜单找到它们。

- 帮助菜单能够快速地打开 Adobe 的帮助文档。如果你想要对一个工具了解得更深，可以使用帮助菜单和 Adobe 的在线帮助。

菜单快捷键一览表

　　使用快捷键能够节省大量的时间，并且能够提高工作效率。下面是本书中常用的一些快捷键。掌握它们，你的操作将变得更加轻松自如。

文件

- 存储：Ctrl/Cmd+S
- 存储为：Ctrl/Cmd+Shift+S
- 新建：Ctrl/Cmd+N
- 打开：Ctrl/Cmd+O
- 退出：Ctrl/Cmd+Q

编辑

- 复制：Ctrl/Cmd+C
- 合并复制：Ctrl/Cmd+Shift+C
- 粘贴：Ctrl/Cmd+V
- 原位粘贴：Ctrl/Cmd+Shift+V
- 还原：Ctrl/Cmd+Z
- 后退一步：Ctrl+Alt+Z/Cmd+Opt+Z
- 填充：Shift+F5

图像

- 反相：Ctrl/Cmd+I
- 曲线：Ctrl/Cmd+M
- 图像大小：Ctrl+Alt+I/Cmd+Opt+I
- 画布大小：Ctrl+Alt+C/Cmd+Opt+C

图层

- 图层编组：Ctrl/Cmd+G

- 新建图层：Shift+Ctrl/Cmd+N
- 创建剪贴蒙版：Ctrl+Alt+G/Cmd+Opt+G
- 向下合并：Ctrl/Cmd+E

选择

- 取消选择：Ctrl/Cmd+D
- 反向：Ctrl+Shift+I/Cmd+Shift+I

滤镜

- 上次滤镜操作：Ctrl/Cmd+F

视图

- 放大：Ctrl/Cmd++
- 缩小：Ctrl/Cmd+−
- 标尺：Ctrl/Cmd+R
- 对齐：Ctrl/Cmd+Shift+;

窗口

- 画笔：F5
- 颜色：F6
- 图层：F7
- 隐藏/显示面板：Shift+Tab
- 隐藏/显示工具，选项菜单和面板：Tab

帮助

- 在线帮助：F1

文件格式

现在讲一下文件格式。文件格式就像鞋一样：走路要选择合脚的鞋，文件格式也是一样。JPEG、RAW、PSD、PSB、TIFF 的使用目的都不同（图 1.11）。下面对常用于合成的文件格式做一个简短的总结（见表 1.1）。

- JPG：JPG（.jpg.jpeg.jpe）是数码相机、手机和平板电脑最常用的文件格式。这些压缩文件为了节省空间损失了图像质量。在 Photoshop 中将图像储存为 JPG 格式时，不要进行压缩，以最佳品质（12）进行储存。但无论如何它都会对图像进行压缩，即使是一点点也会造成损坏，且次数越多越严重。即使以最佳品质 12 保存，文件也会变小。另外，JPG 文件是合成文件，也就意味着它不能对 Photoshop 的单独图层进行保存，在后面的编辑中不能对每个图层进行修改。一般我只有在项目开始

图 1.11 JPG、RAW、PSD、PSB 和 TIFF 是合成图像最为常用的格式；其余的格式也有其特殊的使用目的，在此不进行讲解。

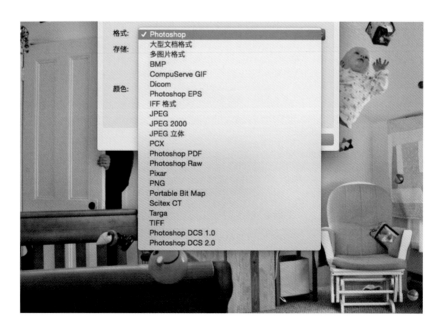

和结束的时候才会使用 JPG 格式。如果想要对图层进行无损编辑的话，就要将它转换为不同的格式，即使它是 JPG 格式也要进行转换。

● RAW：每一个格式都有自己的独特性。RAW 是一个含有大量数据的文件格式。像尼康使用的是 .nef，而佳能使用的是 .cr2。每一个高端相机的制造商都有一个专有的储存大数据信息的文件格式。在创作的过程中，储存的数据越多也就意味着可操作的范围越大。只要相机的存储卡容量足够大，就尽可能地使用 RAW 或者 JPG 进行拍摄。即使相机没有 RAW 格式，也可以对 JPG 的备份文件进行编辑。JPG 文件可以储存成更小的文件，但 RAW 却不能。RAW 格式虽然很好，大小却是它最大的缺点。如此强

表 1.1　格式比较

	JPEG	RAW	PSD	PSB	TIFF
优点	文件小；在任何设备上都可以发送和查看图像照片；常用格式；快速保存；能够随意上传	原片，包含比 JPEG 更多的数据（无白平衡、锐化或压缩）；无压缩、无损数据；无损编辑；适用于专业的图像文件	Photoshop 专有格式；能够储存图层、调整、样式等；可以把许多图像作为图层储存成一个文件；也可以置入其他的 Adobe 软件中	和 PSD 一样，但是能够储存更大的文件；能够保存大于 2GB 的文件	很多软件通用的文件格式；能够保存大于 4GB 无压缩的文件；能够储存图层、调整、蒙版等；能够保存成高质量的合成文件
缺点	压缩文件；丢失数据；不能保存多个图层；若低于 12 保存时会降低图片质量；有损编辑	文件大小比 JPEG 大（大约是 5 倍以上）；需要不断更新软件才能查看最新的 RAW 文件；没有相应的 RAW 软件无法查看；不是所有的相机都能拍摄 RAW 格式	文件大，不利于发送；保存花费的时间长；需要用 Photoshop 或者类似的软件才能查看；不兼容	具有 PSD 所有的缺点；文件大，需要更多的存储空间；保存的过程慢	不能像 PSD 和 PSB 文件一样保存所有的东西；若用 Photoshop 以外的软件打开时，所有的图层都会合成一个

大的数据量是很难缩到很小的。图 1.12 是用佳能 7D 拍摄的：CR2（RAW）格式，24.6MB，而 JPG 格式的只有 6.79MB。幸运的是，存储卡越来越便宜，为了能够获得高质量的原片 RAW，在硬盘和存储卡上进行投资是很值的。

- PSD：PSD（.psd）是 Photoshop 格式在 Mac 系统上的缩写，是 Photoshop 的原格式，便于保存大的合成文件。因为它是 Photoshop 专有的文件类型，所以能够储存图层、调整、蒙版和编辑的信息。缺点就是与其他程序不兼容。尤其是用一些新的效果进行存储时，不兼容性更是个难题。

- PSB：当文件过大时（大于 2GB），PSD 无法进行储存，Adobe 大型的文件格式就是 PSB（.psb）。PSB 也有和 PSD 同样的缺点，就是大于 2GB 时存储的时间会更长。

- TIFF：使用范围比较广。从

图 1.12　这幅照片同时以大 JPG 格式（6.79MB 容量）和相机 RAW 格式（24.6MB 容量）拍摄。

技术的角度讲，TIFF（.tif、.tiff）和 PSD 一样，能够储存图层、蒙版和调整，所不同的是它与其他的应用程序可兼容。在储存 TIFF 格式时要注意弹出来的选项窗口，每一个选项都决定着不同的结果。如果不需要再对图层进行编辑的话，可以把图层合并存储为高质量的 TIFF 文件。在打印时，TIFF 格式比 JPG 格式更好一些。压缩时 TIFF 文件不会丢失数据，即使当 TIFF 文件进行合并图像时也不会，但 JPG 文件却恰恰相反；再加上存储图层和蒙版的能力，让这个格式更加实用。TIFF 是平面领域最常用的打印格式。也就是说，我在使用 Photoshop 和 Adobe Bridge 的时候，不需要只使用 PSD 或 PSB 格式。在进行合成的文件中，TIFF 格式是一个很好的选择。

提示　更改文件名和后缀并不会改变文件的格式，还可能会造成系统混乱而无法打开文件。只有通过从主菜单中选择文件 > 存储为，选择不同的格式类型进行更改。

有效的工作方法

时刻记得整理！这真的很重要。想象一下，当合成图像越来越复杂时，快速地找到对应的图层，蒙版或者面板变得越来越重要。你不想因为这些、不便而让灵感丧失吧？

最好的办法就是建立一个有效的工作区。有时的确需要很多面板，但有时真的没必要，所以要进行整理以保证它们能够有效地工作。你还可以重置或者选择其他的工作区，或者通过窗口菜单创建属于自己的工作区。当需要开启常用的面板和工具时，也可以通过右上角的下拉菜单选择新建工作区（图 1.13）。给工作区命名，就像我现在的工作区叫做"我爱合成"。

图 1.13　一旦找到适用的面板时，一定要把它保存在你的工作区中。

提示 如果你的面板占用的面积太大，点击上面的双箭头图标 ![双箭头图标]，能够把它
们缩小成最小的状态。

下面是一些能够节省时间的使用技巧。

- 给图层命名！在第三章和后面的教程中，会讲解命名的重要
  性。从现在就开始命名吧，双击图层的名字就可以了。

- 对图层进行编组。如果有很多图层都需要调亮，就可以把它
  们编进一个变亮的组里，使用 Ctrl/Cmd+G 进行图层编组。

- 用颜色标注图层。好像有点鸡肋，但是它真的很有用。详情
  请见第三章。

- 尽可能将所有的素材和文件保存在一个文件夹中，并对它们
  进行命名。例如命名为大师课程 _ 爆炸效果 _ 最终版 .psd——
  即使它可能不是真的最终版。即使是使用不同的电脑或不同
  的版本，也要如此。

- 对不需要的图层进行删除。这一点我也很难完全做到。我承
  认我能够很好地管理我的工作区，但是对于存储这件事不能
  做得很好。一个 Photoshop 文件中能够存储无数个图层（有
  时会达到 200 多层），这并非是个优点。删除那些未使用的
  图层，Photoshop 文件才能够运行得更好，所以每过一段时
  间就要强迫自己删除一些东西！我知道，这很痛苦！相反，
  如果你觉得还有用，那就不要删除它们！

工作流程

你是否能够完全遵守流程？不仅仅 Photoshop 如此，其他事情也是如此。遵守流程会让你的工作事半功倍。工作流程是完成创意的最好保证。然而从另一个角度说，工作流程是一个术语，是指操作和程序的顺序，通常能够产生更加准确有效的结果。

良好的工作流程能够优化你的工作，每一个 Photoshop 的大师都有他们自己的工作方法。也就是说，我所教授给你的方法和秘诀都是我工作的总结，这也许就是值得你购买本书的原因。工作流程也会跟着程序新版本的升级有所更改，这在后面的教程中会涉及。我现今的工作流程与起初时已经完全不同。在大多数的案例中，我都会结合自己之前的案例指出之前工作流程中不好的习惯并会加以点评。

所以跟着我，试图找到属于你自己的路！在 Photoshop 里，有十种方法能实现一个效果，但要找到最容易的和最适合你的那种方法！

第二章

初级基础

本章内容：

- 移动工具和变形
- 选择工具和技巧
- 修复图章工具
- 内容感知移动工具
- 常用工具的其他用途
- 提高工作效率的技巧

要想做出优秀的图像合成作品就必须对工具有所掌握，并了解它们的基本原理。一旦你能够完全掌握这些工具，就能够随心所欲地创造出属于自己的作品。

这一章主要对工具的使用和我个人总结的一些小技巧进行讲解。这主要是为了后面教程的学习而做的准备，这些教程都是我精心挑选的。

要是你对工具的掌握有绝对的信心，可以直接跳转到后面的章节。想想，马盖先（Mac Gyver）都可以用不起眼的工具对付敌人，这些基础的工具也是如此。（译者注：马盖先是美国枪战片《百战天龙》中的著名人物，他擅长用普通生活用品作为工具，来帮助自己和搭档摆脱困境。）另外回顾这些基础，你可能会有新的发现。

▶ 充满危险气息的宁静（2014）

工具箱

所有艺术家都有自己使用工具的习惯。例如，下面是我最常用的一些工具。

- 移动工具（V）
- 选择工具：选框工具（M），套索工具（L）
- 磁性套索工具（L），魔棒工具（W），快速选择工具（W）
- 笔刷工具 b
- 油漆桶工具（G）
- 吸管工具（I）
- 修复工具：修复画笔工具（J），污点修复画笔工具（J）
- 内容感知移动工具（J）
- 仿制图章工具（S）

这些工具看起来很简单，但是背后隐藏着巨大的能量。配合使用它们，能够创造出复杂的作品。仔细研究下它们之间是如何进行配合的，学习这种方法可以快速提高你的工作效率。

移动工具

移动工具（V）的使用范围很广，它并不是简单的移位工具——缩放、倾斜、旋转、翻转、扭曲、图层选择，甚至复制都可

提示 移动工具不能移动锁定图层，如背景图层。要是想移动锁定图层，可以复制一个新的图层（Ctrl/Cmd+J），或者双击图层面板上的图层缩略图，在重命名窗口提示框中按回车键。确定之后，会立刻关闭窗口解锁图层。（更多内容请见第三章。）

以。下面以瑞士军刀为例。在见证这些功能之前，要确认选项栏中的显示变换控件的框 Show Transform Controls 是否勾选（主菜单的正下方）——勾选和不勾选，显示效果非常不同！在小框中勾选后，图层的图片四周会出现可操控的点（图 2.1）。

在显示变换控件旁边就是自动选择框，貌似很好用，但是在使用时要思虑再三。自动选择能够让移动工具在点击图像时自动切换相应的图层（详情请见第三章对图层的讲解）。当

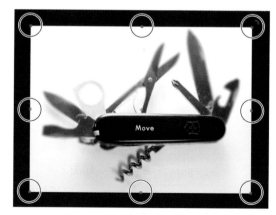

图 2.1 移动工具变换控件的小方形手柄在图像的边缘。

然在某些时候，这样能够节省时间。当图层布局十分具有逻辑性时，能够清楚地看到所想要的图层，这样做可以更加有效。但有时候也是个麻烦，因为它只会选择你点击区域最上面的图层——但那不一定就是你所想要的图层。我更喜欢在右侧的图层面板中点击，手动选择每一个图层。

> 提示　选择移动其他图层，可以用移动工具点击右键，在弹出菜单上选择要转换的图层或组的名称。当想移动位于当前图像下面的图像时，这种方法绝对好用，且不会造成意外的混乱。

移动工具的变换功能

当勾选显示变换控件时，在图像四周可见用于变换的手柄和边缘框。变换图像前，反复地检查确定当前选择的图层是否是当前的图像。记住，一定要选对图层。对选区使用选择工具同样有效（移动的是虚线框），选区也可以进行变换。

在使用变换手柄的时候一定要小心，用于变换的中心点也可以移动。总之，所有变换的符号都可以点击拖曳。当鼠标放在手柄附近时，就可以看见可进行变换的图标。如图 2.2 所示，当鼠标放在一个点上的时候，所有可操控的方式都会显现出来（仅供参考）。有下面这四种情况。

● 移动：在创作的过程中是不可或缺的，这是移动工具最基本的功能。点击变换框的内部区域，然后拖动。（这是使用最为频繁的操作。）

● 缩放：当边上出现这个符号时就意味着可以放大或缩小选区。它可以对图像进行拉伸或压扁（这个常常是不小心造成的），所以除非你就想要图像变形，否则就按住 Shift 键进行拖曳，这样能够约束水平和垂直的比例。按住 Shift 键拖动缩放图像时，能够保证比例不变。拖曳完后一定要放开 Shift 键，否则图像可能会变形。最好的办法就是记住在做等比例缩放的时候要按住 Shift 键，并且在结束的时候要赶紧放开 Shift 键，这样永远也不会出错。

> 提示　变换控件点比较敏感，所以在操作的时候一定要小心。

● 旋转：这个符号的意思是可以旋转选区。只需要点击拖曳一个点，就可以控制全部。在旋转时，按住 Shift

图 2.2　停留在变换角落上的手柄会显示出所有的选项。以上是为了便于讲解，实际上这些选项只会单独出现。

键会以每次 15 度的数量增加。按住 Shift 键有助于快速地旋转到垂直和水平的方向，旋转到适宜的角度以获得好的视觉效果。

- 伸缩：对变形手柄的一边（任何边都可以）进行拖曳会造成选区的拉伸或压扁，而拉伸和压扁的方向取决于鼠标箭头的方向（只限于所点击的那边）。在拉伸时一定要很小心，因为它会让选区变形——通常不需要如此，除非你是在设计一张水平极低的 B 级电影的海报。

在完成缩放、旋转或者伸缩时，要对其进行确定（接受）或者取消。确定修改的话，按回车键或者单击主菜单下选项栏的提交变换按钮 ✓。取消变化的话，按退出键或者单击取消按钮 ⊘。

其他变换功能

除了基本的变换功能外，移动工具还具有其他一些很神奇的功能。（假设现在已经开启显示变换控件）在变换手柄上单击左键，

图 2.3　在选区上单击右键会显示出其他的变换选项。

Photoshop 会认为你要进行变换，才会显示出可以进行变换的选项。现在在图像上单击右键，就可以对图层使用这些选项了（图 2.3）。

提示　对选择的图层进行变换的时候也可以按 Ctrl/Cmd+T，即使当前是其他工具也可以。但是，我觉得使用移动工具进行变换更加有效。我习惯如此，但对于其他人来说，也许使用变换的快捷键会更加有效！

- 翻转：有很多时候需要对图层的选区进行翻转。使用移动工具不仅仅能够进行翻转，还可以进行其他的变换。从菜单中可以直接选择水平翻转或垂直翻转，还可以具体到各个角度（左还是右，上还是下）。（通过图层菜单也可以进行翻转，只是速度会有点慢。）
- 变形：变形是这个菜单中另一个非常有用的功能。选择变形工具能够对图像在三等分格上进行变形；在各个方向上都可以拖曳网格（图 2.4）。当你拼合图层的时候，拼接的并非很完美，那就可以使用变形这个功能。想一下怎样能让拼图适合拼接的空间呢？那就变形吧！（要想得到更好的变形和拼接效果，就试试编辑菜单中的操控变形功能）。
- 透视：调整图层以契合作品的透视角

度，一般只有一个消失点。例如，对于侧角度的建筑物，透视功能有助于纹理的贴合。单击拖动四角的变换手柄能够改变消失点和实现缩放（两边的点会同时动），单击中间的手柄会沿着边缘的方向滑动。使用透视能够对准角度和消失点。

提示　通过对一个变形手柄的控制，可以自定义透视角度：按住 Ctrl/Cmd 键，可以控制一个手柄进行变形，就如同进入了透视编辑的模式（图 2.5）。这个功能有助于图像的拼合，尤其是当平面图像贴附在建筑上时非常适用。通过对每一个手柄进行控制能够让变形的透视更加准确。

快速复制

使用移动工具，按住 Alt/Opt 键拖曳选区能够快速地复制出选区内容，就像是选区在移动（图 2.6），简单而便捷。思考下在第三章图层的复制中是否可以使用这种方法。

图 2.4　对它无限地进行变形，直到适合为止。

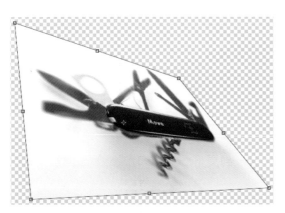

图 2.5　按住 Ctrl/Cmd 键可以单独控制一个手柄。

图 2.6　使用移动工具可以无限地进行复制。（当然，有时也要对其进行缩放和更改混合模式。在后面的章节中会详细地进行讲解。）

选择工具和技巧

当对图层的选区进行复制（Ctrl/Cmd+C）、粘贴（Ctrl/Cmd+V）、移动（按住 Ctrl/Cmd 键时选区的内容会跟着移动）或者局限在某一区域做效果或蒙版时，我通常会使用选框工具（M）■（图 2.7）。选框工具不仅可以合并复制选区内的所有图层，还可以复制调整、蒙版等。选择最上面的图层，按 Ctrl/Cmd+Shift+C 组合键进行合并复制，这种编辑的方式是无损的。将复制的内容粘贴到合成文件的最上层，会形成一个合并的图像，并且之前的分层图像依然

存在，因此这也是无损的编辑。这样，就可以使用移动工具对合并的图层进行翻转，并给予它新的透视角度。移动工具和选择工具看起来简单，但其中包含了很多功能。新合成的图层很多时候是用以做临时参考的——从真正的意义上讲，对这个图层进行编辑也是有损的——但是它不会有损其他图层！

> **注意** 无论是选择、复制或者是其他的什么，都一定要选择相应的图层。

最近 Photoshop 选框工具又添加了一个新的选区功能就是内容识别选项（不要和内容感知移动工具弄混了。）这个功能很神奇，甚至能创造出魔幻的世界（例如悬空的建筑或者是长在空中的树）！

当你想去除照片中的一些东西时，如岩石或猥琐的游客，用内容识别填充背景就可以实现。下面用一个案例来讲解内容识别填

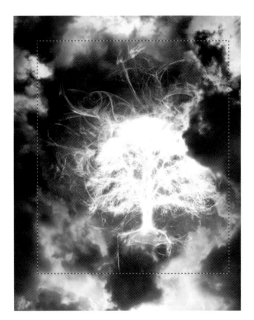

图 2.7 选框的形状有很多种，这是矩形选框。

图 2.8 为合成做好准备，将岩石从水中移除。

充功能的工作原理：图 2.8 的场景很美，但是在进行合成前，还是要修改和清除一些内容。特别是那些岩石，因为我要在这个区域中拼合其他图像。

由于内容识别填充是有损编辑（也就意味着此功能不能返回），所以我会首先复制图层，做个备份。然后用选框工具（任何选框工具都可以）选择岩石，在选区内单击右键从菜单中选择填充（也可以按 Shift+Backspace/ Delete 组合键）（图 2.9）。弹出填充对话框，从下拉菜单中选择内容识别选项，然后单击"确定"按钮（图 2.10）。

最后，Photoshop 会从图像的其他部分计算生成新的背景。使用这个工具在一分钟内就可以将所有的岩石全部移除掉，如图 2.11 所示。通常，我都会再用仿图章和修补工具对图像进行更精细的调整。

> 提示　在使用内容感知填充时，选区不宜过大。区域过大时，Photoshop 的取样也会变大，这样往往会达不到想要的结果。

图 2.10　在填充对话框的下拉菜单中选择内容识别选项。

图2.9　内容感知填充对像岩石这样的选区最为有效。要是从大的区域中取样的话，内容感知填充的效果可能就会变得糟糕。

图2.11　用 Photoshop 移除岩石非常容易。与图2.8 进行比较。

套索工具

套索工具与选框工具相类似 ，可以画出选区（用鼠标画有点像是手里握着一个土豆在画，而我更喜欢使用 Wacom 手绘板）。和使用选框工具一样，也可以用套索工具进行复制粘贴，且不只局限于单一的形状。当使用套索工具时，甚至可以转换到移动工具，可以对选区进行位移或者变形。

> 提示 内容感知移动工具（J）需要与套索工具自定义选区形状的功能配合使用。详情请见"修复图章工具"。

套索工具的同类工具磁性套索工具 ，就像一块磁铁一样，寻找内容的对比像素边缘，沿着边缘建立选区。需要细微地控制才能让它工作得更好，尽管如此也还是会产生

图 2.12 磁性套索工具自动吸附在岩石反差大的边缘。当点击时能够使选区区域增加更多的点，但这需要花费更多的精力。

一些边缘（图 2.12）。每点击一次，就启动了一次磁铁的选择过程，无论鼠标移动到哪里，这个工具都会试着寻找那里的边缘。当把鼠标移到所要建立选区边缘的附近时，点击就可以增加选区的自定义点，这样磁性套索工具可能就会忽略自己的定义点。双击表示完成，或者按回车键，或者回环到一开始的点进行点击完成选区。在选项栏中提高频率能够使选区增加更多的点以增加选区的准确度。增加对比度能够使磁性套索工具对反差大的边缘更容易识别。要记住的是，默认的消除锯齿选项能够使选区更加光滑。

> 提示 当磁性套索工具与原意图的选区边缘相偏移时，可以反复按后退／删除键重新选择选择点。

快速选择工具

当你很着急的时候，快速选择工具（W） 尤其好用。和磁性套索工具一样，它会在所要建立的选区中寻求最近的边缘对比。然而，这个工具能够通过调整笔刷大小更加灵敏地绘制出选区。要想使这个选区的边缘更加精确，可以用左括号键（[]缩小笔刷大小。当在绘画选区的时候按住 Alt/Opt 键，可以移除选区区域。当笔刷里出现减号的时候表明现在正在减去选区，而不是

增加选区。在增加选区区域和减少选区区域间不断地更换，Photoshop 每一次增加和减少的都不一样。

提示　如果快速选择工具的笔刷过小，无法看清里面是加号还是减号，那就看左边的选项栏。在快速选择旁边有加号的符号表示添加到选区 ，而有减号的符号表示从选区减去。

魔棒工具

　　魔棒工具（W） 可以对相似的像素进行选择，像蓝色的天空、一致的背景和简单的渐变。如果想要选择一个复杂的物体，可以通过魔棒工具先选择一致性的背景，然后单击右键选择反向（Ctrl/Cmd+Shift+I），就能得到与背景相对的复杂物体的干净选区（或者相反，也可以保留复杂背景而摒弃单一红色的球）。当使用其他选择工具很难进行选择时，魔棒工具却易如反掌。在本书后面的内容中，你会看到使用这个工具创造出的一些神奇的场景。

　　选项栏中有一些魔棒工具微调的选项设置。我经常使用的就是容差和连续（图 2.13）这两个设置，它们能够完全改变选区。

　　容差指的是在选取点时所设置的选取范围（其数值为 0~255）；改变容差也会相应地改变选取范围。容差的数值越小，例如 10，也就意味着像素越一致；而容差的数值越大，例如 200，也就意味着选取的像素越不同。

　　看一下图 2.14 中蓝色的天空和包含在蓝色中的阴影。当容差设置为 10 时点击，会得到由许多点构成的选区，魔棒工具选择的是几乎一样的蓝色。而当容差设置为 100 时，选择的是所有的蓝色（图 2.15）。根据需要而决定：是大的范围还是小的范围。

　　连续选框指的是在选区中相同颜色的像

图 2.13　容差设置和连续选项能够让魔棒工具产生不同的结果。

图 2.14　很多时候由于各种原因，蓝色天空需要被遮盖住。魔棒工具能够很好地为此服务。

图 2.15　通过增加取样点来增加选区区域。

图 2.16　关闭连续选项，所有反射着金光的水潭都可以被选中，即使它们之间是不相连的。

素连续还是不连续（图 2.16）。当勾选连续时，只有相近的连续的像素能够被选中。当不勾选时，所有临近所选颜色的像素都可以被选中。在图 2 .16中，因为关闭了连续选项，所以整潭的水都被选中了。切换连续选项，只有前面水潭中的水可以被选中。无论怎样，魔棒工具都很牛吧！

调整选区

　　当选区遗漏或者错误，又不愿意花费太多精力对选区进行绘制时，那么用调整选区的方式能够节省大量的时间（抠头发就是如此）。这就是调整边缘按钮 [显示变换控件]（在选项栏中）的作用。点击它会弹出一个都是滑块的菜单，这些滑块能够改变并软化选区和边缘（图 2.17）。

　　在视图部分，可以通过改变可见的背景

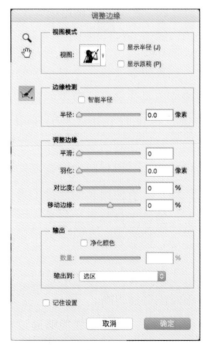

图 2.17　调整边缘弹出面板菜单上的这些滑块仅仅是为优化选区而服务的。

以便更好地选择那些漏选的区域（图2.18）。在图像合成的操作中，去除选区的虚边和多余像素十分有必要，各种视图模式都能够有效地帮助此操作的完成。在这些背景中不断地切换以选择出正确的背景。

- 黑色背景 B 适用于去除紧贴着的剩余虚边。
- 白色背景（W）适用于去除剩余的像素点。
- 背景图层（L）会将除选区之外的所有内容全部清除，当其余部分全部被盖住时，能更好地确定选区区域。

调整边缘部分包含以下四个滑块。

- 平滑：能够使选区粗糙的边缘变得圆润平滑。这个滑块可以平顺选区边缘的褶皱。
- 羽化：羽化能够软化和模糊选区，但不能软化突兀的边缘。羽化滑块能够告知 Photoshop 有多少像素需要从不透明过渡到透明，也就是说有多少像素需要模糊。像素数值越大，羽化越大（图2.19）。
- 对比度：增加对比度能够使选区的边缘对比更加明确。
- 移动边缘：移动边缘能够通过具体的量收缩选区的边缘。羽化选区后，我经常会使用这个滑块去除选区周围的虚边（图2.20）。

图 2.18 当调整选区边缘时，能够看到在不同背景选项下的选区效果。

图 2.19 羽化能够使选区的模糊强度和原始图像相一致。羽化得不够，会显得假；羽化得太过，也会显得假。所以要找到适合的数值。

图 2.20 用羽化软化后，还需要收紧选区的边缘以免图像产生细微的虚边。

> 注意　当编辑完成后或使用完选区后，不要忘记取消选择（Ctrl/Cmd+D）！这可能会是一件烦人的事情，但是又不得不这样做，尤其是当选区很小，小到不可见的时候。

调整半径工具

有没有想过，怎样能够将烦人的头发选中而不是把它全部去掉？无论是对毛茸茸的猫还是对需要调整的模特，调整半径工具都是专门用以对付这种毛发问题的。首先对头发做一个大概的选区，要保证选区的边缘比头发的主体略大一些（图2.21）；然后使用调整半径工具进行削减。

> 提示　有时需要选择的选区超过头发的主体才能很好地进行细化，而有时只需要选择头发的主体就能得到很好的效果。这取决于周围的环境和头发的状况。

在削减时，点击调整边缘弹出菜单上的调整半径按钮 ☑ （在滑块的左边），然后在头发的部分上画，这样即便是周围那些细小的部分也会显示出干净的背景。在这些区域上绘画，会使Photoshop对连串的对比（像头发）进行系统查找，并将它们并入选区，而只留下背景。用调整半径工具绘画完所有的头发之后，就会看见 Photoshop 魔法般地创造出了头发的完美选区（图2.22）。它并非总是这么完美——再看看原来的头发是什么样子。和使用其他工具绘制的头发选区进行比较。在使用完调整半径功能后，就可以很容易地把任何新的背景都放置在头发的后面，为第四章蒙版的讲解做好准备。在此

可以看到我快速地将所选择人物移入了之前去除岩石后的那个场景中（图2.23）。

图 2.21　这里对头发快速地做一个大致的选区。

图 2.22　调整半径工具的主要作用是调整选区。

图2.23 现在能够置入任何想要的背景，但不要把这些飘着的头发削减掉太多！配合着调整图层使用，能够使选区调整得更加完美。

提示 对头发这类选区使用调整半径工具时，需要先使用调整边缘滑块对其进行调整，按OK确定。在做头发选区时，先用滑块调整边缘，使得对头发的调整不会影响到其他的边缘。

注意 对于杂乱背景中的头发（相对于单色或渐变色来说），这个工具可能无法很好地区分出头发和背景。所以，使用这个工具很难去辨别。为了避免问题的发生，在拍摄前尽量让其统一一些。

常用工具的其他用途

即使是最平凡的、熟悉的工具，也可以有意想不到的用途。以下是我最喜欢的几个。

● 涂抹工具：这个工具除了能够使用各种笔刷形状和大小进行像素涂抹，还可以在蒙版上进行涂抹，尤其是能够进行精致的调整。不是在蒙版上使用黑白进行绘画，而是在蒙版上直接进行涂抹。

● 油漆桶工具（G）：除了能够快速地进行大面积填充，这个工具还能够快速地遮盖住蒙版或选区。

● 吸管工具（I）：使用吸管拾取颜色很简单，尤其是对无缝编辑非常有效。怎样才能得到一个精准的颜色呢？那就

使用吸管取样。如果想获得某个区域的颜色平均值，可以从选项栏中选择取样大小的半径。我经常使用3×3半径选项或更精确些的取样点选项（这个默认为1×1半径）。

● 裁剪工具c：这个工具对合成图像非常有用，但我最喜欢的是裁剪工具自带的水平拉直功能。点击选项栏中水平的拉直按钮，然后沿倾斜的水平线拖曳，就能裁剪出水平的图像。（若更改裁剪角度的话，可以使用第八章中讲解的自适应广角滤镜。）

修复图章工具

有时图像需要大量的修改和调整，而使用修复图章工具能够修改任何东西。在工具栏的创口贴图标的后面，集合了很多种修复工具（J），仿制图章工具（S）后面也有很多种图章工具，它们对无缝拼合背景尤其有效。有时图层上一点点小的污点就会破坏整个画面；因为一点点小的问题就要扔掉整个图层。用修复图章工具就可以修复它们：污点修复工具、修复工具和仿制图章工具！

> 提示　每一个修复图章工具都能够对修复内容上的新图层进行无损操作，但要确保的是选项栏中的取样设置为当前和下方图层！用这些工具进行修复，它们会作用于新图层但会从下面的图层进行取样。

污点修复工具

最糟的时刻就是长青春痘，尤其是在你要上镜的前一天或者早上。污点修复工具只需要点击一次就能够完美地去除图片上的瑕疵。这个高级复杂的工具能够对所点击的区域周围进行分析，并且对周围的像素进行融合。删除高对比度的元素，用周围的纹理、色调和颜色来替换。修图师经常使用这个工具修复皮肤，但它适用于清除一定数量的污点：墙上的污点、镜头上的污点、沙滩上的垃圾和棍棒，这样的例子不胜枚举。凡

是 Photoshop 视为它异常于周围区域，这个工具都能用光滑的连续性像素替换它。然而不要太过，尽管这个工具很善于掩盖，但对变化巨大的像素边缘的处理却不尽人意。对蓝色的天空使用污点修复工具，太靠近树的边缘的话，就会产生斑迹污点。

修复工具

修复工具（J）和污点修复工具的使用目的一样，但所不同的是需要更多的手动控制。并不是使用修复笔刷自动地进行修复，修复工具更多的是依赖于取样（俗称采样点）和它需要分析和替换的区域（指的是笔刷的位置）。这需要两步，第一步要先给 Photoshop 进行纹理和色调混合的采样点。按住 Alt/Opt 键，当光标变成十字采样点选择器时，点击用于混合的采样区域（图 2.24）。（提示：要选择一个没有

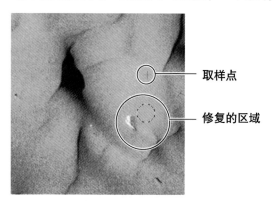

取样点

修复的区域

图 2.24　在修复前要先选择取样点。

污点的区域，因为目的是要把这个区域提取出来！）放开Alt/Opt键，当在新的区域开始涂画时，修复工具将会对取样点的像素进行分析（图2.25）。

警告 对不均匀区域的边缘不要太靠近，因为这会使Photoshop把对比强烈的元素混合在一起，从而产生污点。

记住，采样点会随着修复的笔触而移动。在选项栏中勾选对齐选项框，这样Photoshop就确定了采样点和修复区域的距离，在修复绘画时其距离和方向才不变。也就是说，当笔触连续移动时能够进行连续采样。如果不勾选对齐，每画一笔Photoshop都会回到原来的采样点。无论怎样，修复笔刷线性地向左移动，采样点也会线性地向左移动；笔刷向下修复时，采样点也会向下移动。这就像是用皮带牵引的机器人。所以在对区域进行分析前要确定自动采样点的方向，以免造成混乱的场面。

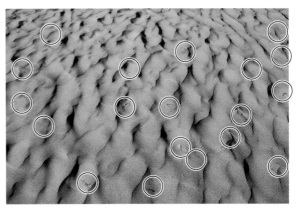

修复前

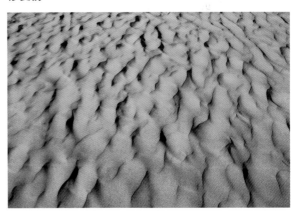

修复后

图2.25 使用修复工具清理的沙滩（下图）和原图（上图）进行对比。

仿制图章工具

与修复工具类似，仿制图章工具（S）也是需要从指定的区域中获取内容，但不是进行混合。就像它名字的寓意一样，它是可以仿制的！当你想要替换一些内容而不是想平滑地进行混合时，仿制图章工具是最好的掩盖利器。同修复工具的使用方法一样，需要按住Alt/Opt键点击选择采样点，仿制图章会完全取代所画内容，所以采样的时候一定要小心。即使采样点和绘画区域的数值有一点不同，在新的位置上也会很明显地显现出来，所以常常需要更多的采样点。如果勾选了选项栏中的对齐，仿制图章工具也会追踪图章与采样点之间的位置关系。

内容感知移动工具

Photoshop CS6 中第一次出现了内容感知移动工具（J），它能够快速地进行改变，能够将快速混合的选择材料移动到所选的新区域内。当使用内容感知移动工具时，只需要做一个选区，然后让它移到所想要去的地方；Photoshop 会自动使用内容感知填充命令，用周围的内容进行填充。如果想要将对象从原来的场景中分离出来，内容感知移动工具是最佳选择。然而，这个工具并不是任何时候都适用，它会根据选区和图层内容选择如何填充和混合（图 2.26a 和 b ）。

下面是能够获得好的效果的一些技巧。

- 在不同的背景下，选区尽可能地靠近对象的边缘。选区不同，混合也会不同。选区越小，也就意味着 Photoshop 可以进行混合的空间越小。在类似的背景下，选区越大效果会更加明显。
- 将所选择的内容移动到有类似的背景、水平线、背景色和其他对比元素的区域。如果将选区移动到一个完全不同的地方上，产生混乱结果的机会将非常大。
- 精细的调整是关键！这个工具最适合将元素融入新的区域，调整原片中不适宜的部分，而不适合剧烈位移的调整。
- 使用这个工具能够通过优化的移动创造出干净的背景。这就像是为了能够在卧室里放置沙发，而需要重新安排家具的位置。

最后要提醒的是如果不改变选项栏中的设置，就会造成有损编辑，所以最好的办法就是复制（Ctrl/Cmd+J）出一个新图层，然后

a　　　　　　　　　　　　b

图2.26　从a中选择的雕，移动到了构图左边偏下的位置b。

在这个图层上使用内容感知移动工具和其他修复工具进行编辑。

　　内容感知移动工具的选项栏中也有一些其他的特定功能，包括模式、适应和无损编辑功能的对所有图层取样。下面对这些功能进行简单的讲解。

- 对所有图层取样：当勾选了对所有图层取样选项时，也就意味着使用内容感知移动工具可以进行无损编辑了。新建一个图层，在图层面板上为激活状态，再在该图层上移动选区。对所有图层取样命令会使Photoshop从选区中的所有图层取样，将混合的内容放置到新的区域。这个区域已经被移动，并完成了内容感知填充——但所有这些都填充到了一个新的图层上。除了进行混合计算，它甚至对其他图层没有任何影响（图2.27）！
- 模式：这个设置只有扩展和移动两个选项。理想状态下的移动是重新定义物体的位置，而扩展是增加调换的对象即对内容进行复制。

- 适应：当移动时，Photoshop 会根据非常严格到非常松散的程度重新诠释选区。非常严格能够最大限度地保持选区内的形状，但边缘较生硬；非常松散能够使混合更加生动（为了能够得到更好的混合效果，甚至会造成部分选区的扭曲。）一般来说，对小的选区使用严格适应，对大的选区使用松散适应。

图 2.27　创建一个新图层，使用内容感知移动工具将选择的内容移动到空的图层上，不会对原有图层造成损害。

提高工作效率的技巧

众所周知，在 Photoshop 中完成任何一个任务都有近十种方法——这些方法中有一些是省力的，但有一些是费劲的。这里还有很多可代替的工具，它们能够提高你的工作效率，让你的工作更加精准，并且能够灵活地进行无损的合成。

- 抓手工具：不用在工具栏中点击，按住空格键，鼠标就会变成抓手工具。记住需要长时间按住空格键。

- 放大镜工具：不要总想着工具栏或者快捷键。我最常用的方法就是按住 Alt/Opt 键滚动鼠标——不用点击。按住 Alt/Opt 键将鼠标放置在想要放大的区域上，然后向上滚动鼠标放大，向下滚动鼠标缩小。这种方法在刚开始使用的时候可能有点不顺手，但从长远来说的确能够节省大量时间！

- 减淡和加深工具：不要使用这些工具，因为它们会造成有损编辑。相反的，可以在新的混合模式为叠加的图层上使用低透明度的黑白笔刷。这部分内容将会在第三章中进行讲解。

- 橡皮擦工具：橡皮擦工具也会造成有损编辑，用蒙版可以代替它。蒙版能够实现无损擦除，并且还能够还原。要知道，Photoshop 图层和蒙版的使用非常强大。对蒙版掌握得越多，你会做得越好！

纹理画笔

　　画笔工具 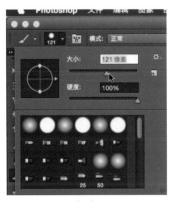 B 也许是使用最多的工具，尤其是在使用蒙版的时候。画笔的其他用途我会在后面进行详细的讲解。但首先要掌握如何改变画笔属性，因为它能够创造出很多不同的效果。下面是有关画笔使用的一些方法。

- 用左右括号键（）或者 [] 能够改变画笔的大小，或者单击右键手动选择大小，再或者在选项栏中画笔大小的下拉菜单中选择大小（图 2.28）。
- 打开画笔属性面板改变笔刷类型，或者直接单击右键弹出快捷选项进行选择。
- 让画笔的硬度尽可能为 0（也可用默认的圆头画笔），这样能够保证蒙版的无缝编辑，在绘画时每一笔笔触都不会产生明显尖锐的边缘。

　　还有一些不太常用的画笔属性，也可以尝试下（大部分都可以在画笔属性面板中找到）。

- 双重画笔（在笔刷属性面板中勾选）能够创造出任何纹理效果（从云效果的笔刷到水泥效果的笔刷再到灰尘效果的笔刷都可以创造出来）。主笔就是每次画的笔触区域，而副笔（点击双重画笔按钮，在其右侧的复选框内

图 2.28　观察笔刷大小，让笔刷硬度尽可能为 0，以避免生硬边缘的出现。

进行选择）就是从主笔中减去的剩余部分。就像在主笔上咬掉了一小块，所有的笔刷都可以进行无限的组合和修改。

- 传递的钢笔压力功能只有在用手绘板时才能使用，它会模仿出真实的物理压力进行绘画：按压得越用力，笔刷的不透明度也就越高。
- 散布复选框能够创造出随机多样性的画笔效果。默认的画笔最大的问题就是识别性，在无缝合成的编辑中尽可能地隐藏缝隙至关重要。散布能够使画笔形状进行分散，从而产生许多不同的变化。

　　对于每一个选项，不同滑块和选项的改变都会产生无数种组合和变化的结果。如果画笔选项不够，可以从面板设置菜单中打开画笔预设面板以追加更多的画笔，或者选择其他不同的画笔，如自然画笔 2。

使用好画笔工具的唯一方法就是多试，并对它们的位置进行记录。我在绘画时使用最多的是柔软模糊的画笔（图 2.29）！无论是蒙版边缘的混合还是笔触，柔软模糊画笔都不会让其显示出拼合及笔触的痕迹来。

> 提示　通过建立选区,选择编辑>定义画笔预设创建自己的画笔,一定要定义好名称。建立的选区中的内容就会出现在画笔预设里,这时就可以使用这个画笔了。然而要确保没有黑边,亮的地方会变得透明,暗的地方会存在（把深色想象成在绘画前笔刷要蘸的颜料）。

图 2.29　画笔中充满了无限的乐趣，其使用也十分广泛，从蒙版到纹理都需要使用到。好好学习画笔面板吧！

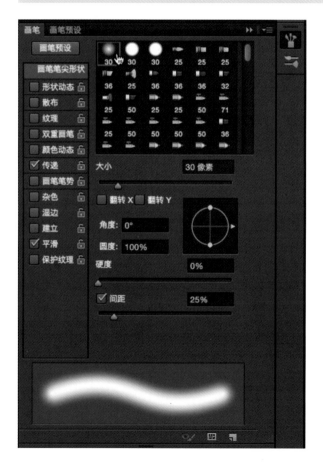

小结

　　有时我们对工具感到无所适从，不仅仅是因为每一个版本都不一样，还因为我们对它们何时用、怎么用而感到茫然。了解工具的工作原理只是工具理论中很小的一部分，剩下的就是要靠大量的练习了。使用得越多，越能更多地了解它们——你就会更加具有创意性。最终，这些工具和功能能够为你的工作带来无限的发展。

第三章

图层和图像处理

本章内容：

- 无损图层属性
- 图层的管理、编组和链接
- 蒙版的使用
- 剪贴蒙版
- 混合模式
- 智能对象图层和图层样式

Photoshop 的使用是建立在图层的基础上的。混合模式、样式效果、剪切、蒙版、复制、调整——为创意提供了源源不断的支撑。也许图层中最强大的就是图层本身了，在图层上也可以使用蒙版。对图层了解得越多，工作效率也就越高。本章是后面篇章案例操作的导入。

无损编辑

要想完全掌握图层可能需要花费一些时间，但是它的回报却是十分可观的（图 3.1）。基于图层的编辑是无损编辑，这就意味着它不会对原内容造成破坏，可以进行修复性的编辑。（当操作出现混乱时，能够还原原内容是一件非常美好的事情）。你可以在编辑完一个图层后，再去编辑另一个图层，然后还可以再回到第一个图层对其进行重新调整。因为编辑是分离的，在一个项目中往往会有很多个不同的图层，在合成的过程中每一个图层都有其存在的意义。它们能复制、移动、改变、删除、编组等，并且它们的编辑都是无损的。当然每次只能编辑一个图层，但是这种分离的编辑方式能够开发出图层的巨大潜力。无损编辑的意义就是能够无限地进行还原，甚至是在文件保存和关闭之后。

▶ 长者（2008）

在编辑的过程中尽可能地进行无损编辑，尽可能地复制图层，以防在制作的过程中需要还原到图层的某一个阶段或者将已经分散的部分再重新组合起来。即使没有数字囤积强迫症，在很多时候复制也是非常重要的，最好是对当前操作的图层进行复制。

- 只复制一个图层时，可以把这个图层拖曳到图层面板下方新建图层的图标 上进行复制，或者按快捷键 Ctrl/Cmd+J 进行复制。Photoshop 会根据拖曳到图标上的图层创建出一个新的相同内容的图层。

- 我喜欢按住 Alt/Opt 键拖曳图层进行复制。这种方法能够对其他图层的图层元素进行克隆，包括蒙版、选择像素、文件夹、效果和其他图层。还可以使用同样的方法直接复制图层内容，按住 Alt/Opt 键用移动工具进行拖曳，复制出拖曳的内容——成为一个新的图层！这是众多通用功能中的一种（就像胶带一样），最好记住它。

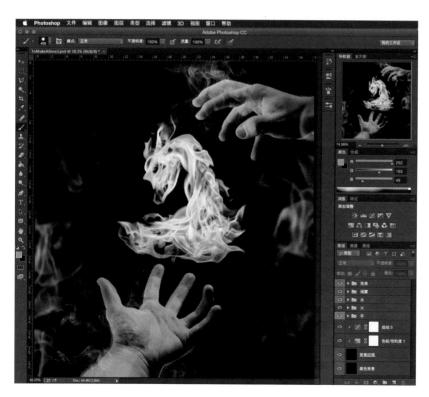

图3.1　尽管图层本身很强大，但进行的编辑都是无损的（在第八章的教程中进行详细讲解）。

图层管理

想象一下，内裤外穿会是什么样？顺序好像有点混乱，但至少对每一个人来说都是不舒服的。在合成的过程中，图层的顺序也是一样的重要。要知道，一个图层会影响图层面板上位于它下方的所有图层的可见性。就像是真实世界一样，我们看最上面的东西永远比其他的要清楚得多。如果想要一个图层在另一个图层上面显示出来，就要确定已把它拖曳到了正确的图层位置——请把内裤穿在里面。

如果想要重新调整图层顺序，只需要在图层面板上拖动每一个图层。当你在层级上上下下拖曳时，会出现抓手工具和粗线，这表明当释放时图层移动到的位置（图 3.2）。

命名和颜色标注

要想让图层有效地进行排列，最简单的办法就是对它们进行命名和颜色标注（图 3.3）。无论是 10 层还是 100 层，命名都非常重要。如果袜子的图层必须包含在下面鞋图层的一部分中的话，要明确地知道哪个是哪个图层。即使是图层缩略图也很难看得清（尽管是真实的袜子形象），所以一定要命名，对图层进行描述。听起来很容易，但对图层进行管理和命名并没有那么简单。

> 提示 在最后图层下方空白的灰色区域单击右键，从快捷菜单里选择大小，从而改变图层图标的大小显示。（当图层下方没有可点击的空间时，可从图层面板的菜单中选择面板选项点击选项图标 ▼≡ ，同样可以改变图标的大小。）对于复杂的图像，有时仅仅使用名称描述是不够的，将图标放大更加有助于图层的识别。

对默认的名称进行双击可以重新命名。如果没有点击到名称上，Photoshop 会做其他的默认处像图层样式（如果这样的话，请反复按退出键重试）。

图 3.2 拖动图层在图层堆叠中进行移动。当拖动时，在两个图层间会出现一个白色的双线条，以表明当释放时图层所在的新位置。

图 3.3 在工作时一定要记得对图层进行命名和颜色标注，以保证正确的层级结构。

最新的版本 Photoshop CC 具有能够搜索（筛选）和显示特类图层的功能，一次只能显示一类图层。创建新的图层时一定要记得命名，这样就能够通过筛选类型选项使用命名进行快速搜索。当你不小心激活筛选图层选项时，图层可能就会显示不全，所以一定要小心。当它是红色  的时候，也就意味着它已经被激活和过滤。如果还是理解不了的话，那就把它关了依旧用过去的方式选择图层。另一种筛选图层的使用就是它能够分离出一类图层（像调整图层），然后按住 Ctrl/Cmd+G 快捷键使用图层编组命令对这些图层进行编组。当退出筛选时，这些图层依旧会在一个组里。但是要注意的是：这样会打乱原有的图层顺序。

对图层进行颜色标注也便于进行种类查找。在可视图标周围区域单击右键，从菜单中为图层选择想要的颜色（图3.4）。

编组

如果觉得颜色标注、图层命名复杂，那么将多个图层编组就容易得多，这也许是 Photoshop 最重要的一种管理方式。把图层想象成是夹在面包中的三明治配料——要给组命名。将这些材料组合起来，吃起来会更加美味（图3.5）。

从原理上看就像面包里的三明治，从视

图 3.4　在图层缩略图的区域左击，能够快速地给图层进行颜色标注。

图 3.5　编组在同一个文件夹里的所有图层，可以一起移动、添加蒙版和变形。

觉上看就是图层面板中的文件夹。当想查看组里内容时，既可以将它全部展开，显示出里面的所有图层；也可以将它折叠，只显示文件夹名称、颜色标注和蒙版（图3.6）。

点击图层面板下的文件夹图标创建图层组文件夹 ▢ 。或者也可以选择要编组的多个图层，按 Ctrl/Cmd+G 快捷键创建新的文件夹，这样图层就都被编在一个组里了。对于大量类似图层的整合，编组尤其重要。要像之前图层管理那样，对默认的组名重新命名，且不要让名字混淆。

图3.6 折叠编组文件夹可以简化图层，尽可能地保证图层面板的整洁和高效。

提示 在组附近移动图层时要小心。当拖动图层时，有时会不小心将图层置入组文件夹中，而不是将它放在组的上面或下面。移动整个组文件比移动单独图层更容易些。

图层链接

这个功能虽小但很实用，它能够对多个图层进行链接。由于合成层次结构的关系，需要对分散在图层面板上的一些图层区域进行移动和变形，使用链接会更加方便。按住Ctrl/Cmd键点击要链接的图层名称，选择多个图层，然后在图层面板的最左边点击链接图层图标 🔗 。一旦链接完成，对其中一个图层进行操作也会影响到其他的图层。例如，用移动工具对其中一个进行移动其他图层也会一起移动。当图层链接时，变形是同时对所有图层的内容进行变形。当取消链接时，需再一次选择图层面板上的图层名称点击链接图层图标。要注意的是，只有一个图层进行链接的时候链接图标是不可见也不可用的。

提示 按住Shift键点击图层面板图层缩略图右边的链接图标，能够临时取消图层链接。使用这种方法能够对图层单独地进行编辑，编辑后立即进行重新链接。

新建图层、删除图层和锁定图层

下面是一些基础操作的快捷方法。点击图层面板下面的创建新图层图标 🔳 就可以创建出新的空白图层，或者按Ctrl/Cmd+Shift+N快捷键在弹出面板上点击确定。在此书的学习过程中，我们需要创建许多新图层，所以一定要牢牢记住这个快捷键。删除图层也很容易，选择想要删除的图层，然后点击图层面板中最右角上的垃圾箱图标 🗑 ；也可以在键盘上按删除键或直接将图层拖曳到垃圾箱图标上删除所选择的图层。如果不想对一个图层造成删除或编辑的意外操作，可以点击图层面板上的锁定图层图标 🔒 。有时图层会由于不小心变成选区或者被移动，可能在后面的操作中才会被发现，因此锁定图层是很好的安保措施。

蒙版

蒙版是进行无缝编辑、局部调整和随意拼接的有力武器。要是不想让你饥饿的朋友看见你的三明治，你会怎么做？在上面盖上一张餐巾纸，让他看不见它。其实蒙版就像是这张餐巾纸：在它们下面的所有东西都不可见。当三明治里的培根生菜番茄露出一角时，你的朋友肯定会眼馋你的食物甚至会对你的培根进行评价。在合成中，未使用蒙版的区域依旧可见。

就像用餐巾纸盖住的三明治不会影响食用一样，蒙版就像是无损的橡皮擦。对图层使用蒙版，只需先选择图层，然后在图层面板下方点击添加图层蒙版图标 ■，最后使用画笔工具进行图画。这时就会有一个白色矩形链接到所选图层缩略图的右边，这个就是用以遮盖图层的部分，通过在这上面绘画进行遮盖，绘画的黑色区域将不可见（图3.7）。如果对不需要隐藏的区域使用了蒙版或者是想要对已经使用了蒙版的区域显示出来，可以在图层蒙版上使用白色进行绘画，这样所需部分就会显现出来。这样简单而灵活的功能能够为你增添更多的艺术灵感。

记住，在蒙版上绘画时，没有过多的颜色值选项（准确地说是黑白、深浅、8位256级灰度）。但是可以通过控制黑白的透明度来决定蒙版的透明度。改变画笔工具的透明度的数值，也就改变了绘画蒙版的透明度（50% 的灰相当于 50% 的透明度）。

> 提示　虽然在蒙版上也可以使用灰色，但是你会发现使用黑色画笔或改变画笔透明度更容易快捷。按数字键 1~9，透明度也会相应地从 10%~90%；按 0，透明度会跳到 100%。

图3.7　用黑色对整个三明治文件夹进行遮盖。白色可见，黑色不可见。

和其他的像素一样，蒙版上的黑白像素也可以选择（用选择工具）、变形（用移动工具）、移动、复制、调整、涂抹等，可以反复地进行无损擦除。另外，点击蒙版和缩略图之间的锁链可以将其分离。这也就意味着图层和蒙版可以单独地进行移动和变形。

> 警告　要在图层面板中激活蒙版（在缩略图周围会出现一个细的白框），否则全部的操作都会作用在图层上。所以，在使用蒙版时一定要点击蒙版缩略图。

在进行图像合成时，使用蒙版不仅仅可以将多个图像融合到一起，而且还可以对某一个区域进行调整图层，例如用曲线（详情请看第四章的调整图层部分）进行调整。因此，蒙版不仅仅作用于图层，还可以使用调整命令。例如在图 3.8 中我将贝尔草原和约塞米蒂山合并到了我在蒙特利尔拍的城市场景中。为了让这个三张图片的受光和透视相一致，使用蒙版可以将不相符的地方遮盖住。图 3.9 展示了每一个图层都带有蒙版，注意作为背景层的城市图像不需要使用蒙版，因

图3.8 视角一致的三个图层，使用蒙版能够创建出一个新的场景。

图3.9 给图3.10中的草地和山增加蒙版。

图3.10 曲线调整图层命令只会对中间区域有影响，就像是蒙版上黑色擦除的效果。

为其他的图层都会置于其之上。（在第九章的创意图像中可以充分地练习蒙版的使用。）

在图3.10中对某些区域选择性地进行了调整。特别是使用曲线调整命令对图层和蒙版进行了调整，能够使图像变亮——这种方法简洁而有效。在后面的教程和灵感创意中会反复使用这种方法，所以一定要掌握。

警告 如果你不小心选择了图像缩略图，而不是蒙版，对蒙版的涂画就会出现在图像图层上。按 Ctrl/Cmd+Z 快捷键修正这个错误，一定要确定在画之前选择了蒙版缩略图。当有白边出现时，也就表明它可用了。

蒙版的其他功能属性

只有大量地练习蒙版的使用才能更加娴熟，当然这其中还有一些技巧和方法。

- 将选区调整完美后（第二章的内容）点击添加蒙版图标添加蒙版，这样其他的东西就会全部被遮盖住了，只剩下漂亮的选区内容。要注意反复调整的是选区，直到点击添加蒙版图标时，所有操作都是作用于选区。

- 按 X 键，前后景色互换（图层的蒙版默认为黑白色）。按 D 键或点击工具栏下端小的黑白图标 可以重置默认的黑白背景。这样就能有效地使用黑白色直接在蒙版上进行修改，直到它完美为止。

- 按住 Alt/Opt 键点击添加蒙版图标会为图层添加一个新的蒙版，此时的蒙版会翻转成黑色。这样就可以使用白色画出任何想显现的内容。在只想让一小部分内容可见时，使用这种方法十分有效。

- 按斜杠键（\）能够以明显的红色叠加

的方式显示出蒙版遮盖住的区域（图3.11）。这是一种很好的检查剩余蒙版区域的方法，有时会因为不小心连不需要遮盖的部分也一块遮盖了。一堆不小心的错误叠加起来，就会变成糟糕的整体。

提示 在蒙版属性面板的蒙版选项中，可以将蒙版默认的叠加颜色红色更改成任意颜色。

- 点击图层可见性图标 ，反复地打开和关闭图层的可见性，查看遮盖的效果以便于后期的继续调整。通过图层的反复显现，能够快速地查找出蒙版的缺陷。同样，也可以按住 Shift 键点击蒙版缩略图应用和停用蒙版（注意，当停用蒙版时就会在缩略图上出现一个红色的 X）。

- 色彩范围是使用复杂蒙版的一个重要

图 3.11 斜杠键能够以亮红色显示出蒙版遮盖的部分，这样有助于蒙版完整性的检查。

功能（图 3.12）。可能你已经猜到了，它可以通过选择颜色范围从而增添或减去蒙版。这个功能在蒙版属性面板中（或在图层面板的图层蒙版上双击），选择不同的颜色从而添加（一定要在对话框中勾选反相）到蒙版或从蒙版中减去（不勾选反相）。虽然蒙版上不能使用多个颜色，但这并不意味着不能选择要遮盖和不可图层的颜色范围（比如红色球周围的蓝色天空）。使用颜色范围在蓝色天空的区域点击，蓝色天空就会立马消失不见。还有一个叫颜色容差的滑块，可以增加或减少容差——决定着蓝色蒙版的多少。容差越大，范围也就越大。

提示　在色彩范围对话框中，选择添加到取样图标 ⟋ 能够为颜色范围选择多个样色。当你需要对多个颜色范围进行遮盖时，这种方法很有效，例如要将一张图的蓝色和绿色全部遮盖住。

- 位于颜色范围按钮上方的蒙版边缘按钮也是一个很好用的工具，就像在第二章中讲的它对选区的使用一样，它可以调整蒙版的边缘。
- 去除"数字垃圾"。我的意思是将每一个图层中不需要的错误像素去除掉（图 3.13）。这些数字垃圾依附在剩余的地方，当不透明时很难发现——就像是攀附在烤盘角落的油腻的残留物。在工作时一定要去除这些数字垃圾，因为没有比在出现问题后再去寻找是哪一层的问题更糟的了。

- 对主体或其他物体使用蒙版时，一定要选择好笔刷的柔边度，这就相当于图像边缘的模糊或锐利程度。如果遮盖的图像小而清晰，就使用小而锐利的笔刷；如果制作柔焦的遮盖区域，就使用相匹配的柔边笔刷。

图 3.12　双击蒙版弹出蒙版属性。点击颜色范围按钮就可以自定义选择颜色选区。

图 3.13　这些"数字垃圾"在白色背景上可能很明显，但是在复杂的图像中就会使图像变得很脏并且还很难被发觉。

图 3.14 这两个调整图层都被剪切到了山的图层中，只对图层中可见像素的区域产生影响。

剪贴蒙版

剪贴蒙版是一个可以作用于其他多个图层的蒙版，听起来好像有点复杂，但是从物理层面上理解的话会很容易。可以把它想象成是好几张纸堆叠在一起（连续的图层）的效果。在一个图层上画出大致轮廓（蒙版形状），然后沿着大致轮廓剪切整个累叠的图层（这就是蒙版效果）。调整图层也有一个内置的剪切功能，在自己附加在另一图层的可见部分中显示出来，但是也可以将任意图层上的内容剪切到另一个蒙版上（第一个图层的蒙版依然存在）。

"将一个图层剪切到另一个图层"或者"使用剪贴蒙版"，意思是说这个图层会与下面的图层发生交互，只作用于该图层下面的图层（图 3.14）。所以如果只想对某一图层使用曲线或色彩平衡命令，并且要使其无损，使用剪贴蒙版工具就最好不过了。另外如果之前已经为这个剪切的图层做了一个蒙版，依然可以使用剪贴蒙版（实际上是双蒙版），甚至是可以对多个图层进行剪切通过最下面的图层形状显现出来。我无法想象没有剪贴蒙版我该如何工作，在第二部分的教程中会大量地使用剪贴蒙版。

使用剪贴蒙版的方法，首先选择好想要剪切的图层，然后按 Ctrl+Alt+G/Cmd+Opt+G 快捷键，剪贴蒙版的图层就会附加到下方图层上。或者按住 Alt/Opt-click 键在两个图层间点击，和快捷键的效果一样能够将上面的图层剪切到下面的蒙版中（有时在工作的过程中使用这种方法会更简单些）。调整图层命令在调整属性面板中也有快捷键按钮 ▣，这是代替手动操作的另一种方法。记住，在作用的图层上一定要有可剪切的图层！

> **提示** 在最新版本 Photoshop CC 中，可以对整个文件夹使用剪贴蒙版。这种快速提高效率的方式完全改变了过去陈旧而缓慢的操作。

混合模式

　　无论你是想要颜色加深或减淡，还是改变颜色，抑或是让暗色不可见，使用混合模式都能够创造出无缝衔接的神奇的画面效果。Photoshop 的混合模式以不同的方式改变图层像素，这不同于以往的颜色和透明度的改变（图 3.15）。

　　混合模式通常需要两个图层，且必须两个图层相互影响才能看到效果。例如，设置为变亮混合模式的图层会让Photoshop 对位于此图层下的可见部分进行提亮，而忽略掉所有的暗色。使用颜色混合模式会让 Photoshop 将图层的光暗度忽略掉，只针对其进行色彩改变，所有的颜色都可以进行替换。

　　使用混合模式的方法是选择一个图层，从图层面板上端混合模式的下拉菜单中选择任意一种模式。一般默认的是正常，这种模式是像素标准的显示模式。正常混合模式就像是香草冰激凌：和其组合大多数时候都是美味的，但并非所有的都如此。叠加、颜色、色相、正片叠底、滤色、变亮和变暗是我使用最多的混合模式。在后面的部分，我会对它们的特性和使用进行详细的讲解。

　　对于所有的混合模式，都可以使用百分比控制透明度降低图层的可见性。也就是说可以使用颜色模式（有时会使用更多的模式）改变图像的颜色，但是结果看起来有点像彩印照片。改变颜色混合模式图层的透明度能够很好地在新旧间找到平衡。图 3.16 中的面包需要变暖，因为冷色调让其看起来不是很有食欲。如果你想要效果更加明显突出，那就大胆地做吧。如果效果太过，可以在透明度中削减，这样的编辑是无损的。

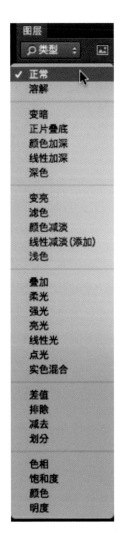

图 3.15　有如此多的混合模式可以选择，并且可以无限地进行组合。

a

b

图 3.16　图 a 是颜色混合模式不透明为 100% 的效果，图 b 是将不透明度降到 22% 的效果。当透明度为 100% 时，看起来十分没有食欲；但是将透明度降低后，看起来就非常美味了。

图 3.17　将一个新图层的混合模式更改为叠加，使用无损编辑的方式用黑白颜色在其上面绘画，以实现减淡和加深的效果。

之前

叠加混合模式的使用

　　叠加是除了正常混合模式之外我使用最多的一个混合模式。它可以对颜色进行减淡、加深或者过滤。它既可以很极端也可以很多样，尤其在制作光效效果时更为突出。我并不打算用复杂的数学计算来进行讲解，叠加混合模式是用图层的像素值（亮和暗）强调出作品的阴影和高光。

　　像中灰度这样的中性色则被完全忽略掉。

叠加混合模式的减淡和加深的无损操作

　　在叠加模式上使用黑白绘画时，就相当于提供了一个无损的可以代替减淡和加深的工具。在原图上使用减淡和加深工具直接进行编辑，这种编辑的方式有破坏性；然而使用叠加模式的话，你可以对叠加模式的编辑进行修改或删除，因为它们是两个不同的图层，不会对作品的其他部分造成永久性的影响。

使用叠加混合模式进行减淡和加深，要先将用于绘画的前后背景色设置为黑色和白色（D）。创建一个新的图层，将其混合模式设置为叠加，然后用低透明度（从 10% 开始）在新图层上画，用白色提亮（或减淡）阴影区域，用黑色加深（或加深）亮部区域（图 3.17）。因为是分开的图层，如果后悔了可以很容易将它们删除（选择好图层后按删除键，或者使用橡皮擦工具）。叠加混合模式会贯穿于这本书中，因为它能够有效地创造出灯光的效果。

提示　在绘画时一定要注意透明度。当做减淡和加深时，最好先从低透明度开始（最好从 10% 以下开始）。

之前

图 3.18　当混合模式的透明度设置到 20% 甚至更低时，就像是使用了有色的照片滤镜作用于整个画面。

如果使用手绘板的话，可以设置钢笔压力的动态，也能实现减淡和加深的效果。

提示　点击工具栏中放大镜下方小的颜色重置按钮 ▣（或按 D 键）重置成默认的黑色和白色。按 X 键在前后背景色中进行互换。

叠加混合模式的照片滤镜效果

使用叠加混合模式能够让颜色完全覆盖：它会将新的颜色与原有的颜色混合，增添色相的鲜艳度，而不会让其变得浑浊（图 3.18）。我经常使用叠加混合模式来制作具有强烈色彩效果的动态图像。

由于各种原因，我很少使用 Photoshop 内置的照片滤镜调整图层。相反的，我经常把叠加模式作为有色照片滤镜使用。使用叠加混合模式能够更好地对效果进行控制。下面是操作的具体步骤。

1. 创建一个新的空白图层，并将其拖曳到层叠的最高层。

2. 使用油漆桶（G）填充鲜亮的橙黄色，以此作为媒介。

3. 选择叠加混合模式。

4. 将图层的透明度降低到 10%~20%。在第七章和后面的教程中会大量地使用这种方法。

颜色和色相

决定作品好坏的关键在于对图像和图层的控制度，其实很大程度上是对颜色的控制，颜色和色相混合模式能够很好地控制颜色。添加一个空白图层，将其混合模式更改为颜色混合模式。位于下面图层的所有颜色都将被此图层上的任何颜色所取代。除了能够改变颜色，颜色模式还能够精确地保留下面图层的纹理。也就是说，一开始这是一条深蓝色的牛仔裤。在颜色混合模式图层上画各种红色，这时牛仔裤就变成了红色，但是依旧保留着原有图像的明暗度——比中心部分亮的磨损的口袋边缘及清晰的装饰线脚（图3.19）。无论画的是深红色还是浅红色，在颜色混合模式的图层上 Photoshop 都会忽略其数值（亮和暗）。颜色混合模式的另一个功能就是饱和度。Photoshop 会对用于绘画的色彩进行饱和度匹配（鲜亮的色彩和中性的色彩），而不是保留原有的形态。在后面的章节中会有更多关于此混合模式有趣的使用。我最喜欢的使用方式就是用以控制颜色。无论是火的红黄色还是树的绿色，这个功能都能够很好地实现。

要想颜色更自然，可以使用色相混合模式。在色相混合模式图层上绘画颜色会使此图层和下面图层的颜色都发生改变，但色相

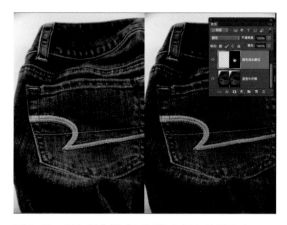

图 3.19 颜色混合模式可以提高颜色的鲜亮度。

图 3.20 色相混合模式只会改变色相，原有图层的饱和度不变。

还会和原始内容的饱和度进行匹配。现在只需要一点点的操作就可以完美地改变色彩（图 3.20）。型录设计师们经常使用此方法，用一张照片制作出不同的颜色效果。

正片叠底

正片叠底混合模式也是我最喜爱的混合模式之一。它能够合并图层颜色，将一个图层上的暗色添加到另一个图层的暗色上。后加的图层会变得有些透明，但是在设置为正片叠底模式的图层上加深，图像会变得更深。如果你想在图层上添加阴影或纹理暗点，这是再好不过的办法了（图3.21）。

图3.21 对添加的图层使用正片叠底混合模式以加深纹理效果，例如对手腕图层上的树皮图层使用了正片叠底混合模式。

滤色

滤色混合模式能够提高图层的亮度和层次感。其工作原理与正片叠底混合模式完全相反：在正片叠底的图层上添加会越来越深，在滤色的图层上添加会越来越亮。对于那些热爱火光效果的人来说，这是在黑暗中添加火焰的很好的方法！这也是图3.21和图3.22主要使用的方法。

变亮

与滤色混合模式类似，变亮混合模式能够提亮图层元素。所不同的，是明暗的对比程度。滤色混合模式能够局部地提亮像素，并且去除掉较浅的元素，使之变成完全的不透明（滤色混合模式更改透明度无效）。在作品的暗部区域（或者是像这样暗的场景）添加星星，将星星的混合模式更改为变亮。这时发光的星星就完全显现出来了（图3.22

图3.22 当前使用的是变亮混合模式：在原本空无的天空中添加了星星。

为了让星星不出现在建筑上，特添加了蒙版）。

变暗

变暗混合模式与变亮混合模式完全相反。也就是说，白色背景上的物体在变暗混合模式下只有非白色的物体可见。不用删除、蒙版或者任何耗时的操作，只需要将混合模式改为变暗就可以了。就像是绿屏抠图一样，所有亮色背景都将会消失。

智能对象和图层样式

目前蒙版和混合模式只有在复杂的合成中才会使用到。很多时候你需要的是对图层进行缩放、修改或者变形，有时甚至还需要做一些特殊效果。这就需要使用智能对象图层和图层样式。

智能对象

智能对象是 Photoshop 用于无损编辑的又一强大利器（图3.23）。转换为智能对象图层可以无损地进行缩放、变形，甚至可以任意使用各种滤镜，即使扭曲过的图层像素也可以还原。这也就意味着在将其缩小后，点击提交按钮（对勾）确定，再将其还原到原大小时，不会丢失任何细节。

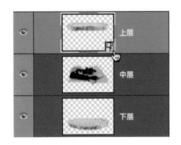

图3.23 缩略图右下角的小图标代表着当前图层是智能对象图层。现在这个图层就可以无损地进行变形和使用滤镜了。

选择一个想要进行无损变形的图层（最好是不带有蒙版的图层，因为转换时会将蒙版合并），在它的名称上单击右键，然后从快捷菜单中选择转换为智能对象。在滤镜菜单中也可以使用转换为智能滤镜选项，将选定的图层转换为智能对象。这两种方法都可以使缩放、变形和滤镜进行无损编辑（任何时候都可以还原，可以随时更改参数，可以对它使用蒙版，甚至也可以关闭它的可见性）！

如果想直接在智能对象图层上绘画或者编辑，需要栅格化图层。方法一样是在图层面板中的图层名称上单击右键，从快捷菜单中选择栅格化图层。一旦图层栅格化，在栅格化上做的所有变化就都不能还原。除了变形以外，当对图层使用智能滤镜时智能对象也非常有用。智能对象可使用的滤镜只是所有滤镜中的一小部分，但是好处就是可以无限地返回，无限地更改滤镜参数，质量不会受到影响，细节也不会丢失。智能对象图层也有其局限性：它们不能像栅格化那样可以随意地进行编辑。要想对图像进行绘画、复制、修复等，只有在栅格化的时候才能实现。

图层样式

图层样式可以无损地使用多个效果。点击效果图标 *fx.* 或在图层名称边上双击就可以显示出选项菜单，像阴影和外发光都是时常被用到的效果。我会用外发光来模拟火焰、熔岩，甚至是一些闪烁的亮点（或者另外一些神奇发光的物质）。使用图层样式选项还可以改变渐变的颜色。

位于图层面板不透明度下方的填充滑块能够配合图层样式一起使用。像不透明度滑块一样，填充滑块可以调整图层的不透明度，可以让其从不透明到透明；不同的是滑块流量对图层样式效果的影响。填充能够降低图层的不透明度，而让图层样式的不透明不变——这绝对是一个很棒的功能。当只想要一个外发光效果，而不想让实际的绘画部分显示出来时，就可以使用填充功能——例如只需要显示太阳光晕而不需要太阳存在！这就意味着你可以对局部使用某一种效果。

小结

在后面的第二部分和第三部分，你会发现图层的多种使用和无损编辑会一直贯穿其中，这使得 Photoshop 这个程序更加强大。从图层的管理到智能的编辑方法，再到混合模式，都可以进行无损操作，尽管破损看起来好像是必然的！

第四章

调整图层和滤镜

本章内容：

- 曲线
- 黑白调整图层
- 色彩平衡
- 色相和饱和度
- 智能滤镜
- 模糊
- 锐化
- 去噪
- Camera Raw 滤镜

　　还记得你做的第一个合成图像吗？——简单的剪切、粘贴和拼合。不可否认，我们在达到炉火纯青之前必然都会经历这样的阶段。从简单的复制粘贴到真实的无缝拼接，这是一个巨大的迈进。这其中需要使用到大量的滤镜、调整图层和蒙版（图4.1），它们能够让你显得更加专业。在很多时候它们可以被无限地使用，美好的幻想和一堆乱七八糟的数码垃圾堆凑起来的效果是完全不同的。

　　在这一章中，我不会对所有的调整图层和滤镜进行逐一讲解，而会深入地讲解四种常用的调整图层（和它们附带的功能），并且还会讲解一些工作中最常使用的滤镜功能。这一章主要是为后面更难的第二、三部分的教程打好基础。

▶ 四滴胜利的泪水（2009）

滤镜

调整图层

调整属性

图 4.1 在无缝合成中滤镜和调整图层是必不可少的。

调整图层

在进行无损编辑时，最专业的方法就是使用调整图层命令，而不是从图像菜单中选择具有损坏性的调整命令。调整图层会在图层上添加一个专用图层（图4.2），在这个图层上可以进行微调也可以进行移动，且不会造成永久性的损坏。和标准图层一样，调整图层也会对位于它之下的所有图层造成影响，可以单独地对一个图层进行调整。如果只想对一个图层进行调整，可以将调整图层只作用于一个图层或一个组，即把调整图层剪切给位于它之下的图层（详见第三章内容）。每一个调整图层都会生成一个干净的白色的蒙版以用于安全无损地进行调整。

虽然调整面板中有很多选项（如果没有调整面板的话，选择窗口＞调整就可以打开调整面板），但每一个都有自己的特性，而我最常用的只有四种调整图层命令。无论是进行无缝拼接还是修片，我都会使用曲线、黑白、色彩平衡和色相饱和度进行调整。

图4.2　每一个调整图层命令都会产生一个用于无损调整编辑的蒙版。

曲线

首当其冲的是曲线，它也许是我使用最多的调整图层命令，也是使用最广泛的调整命令。当东西看不清时，或某一区域需要明暗调节时，再或者需要调整色调时等，都可以使用曲线调整图层命令来实现。曲线调整图层命令能够无损地调整图像的色调，使得色调变得更亮或更暗。

所有的控件都在曲线的属性面板中（图4.3），水平和垂直的渐变色度条延伸到曲线控制线的左下角，这代表着图像中色调的范围（从暗调到中调再到亮调）。对角线（曲线）代表着数值的比较。注意在一开始使用曲线调整图层时，对角线上的点在水平（图像原始的色调值，也就是输入的色调值）和垂直（图像调整后的色调值，也就是输出的色调值）的色度带上都对应着相同的色调。在未调整的时候，两个色度条上的数值是相同的。在线上点击添加一个控制点，并向上

图4.3　曲线属性面板中包含有用于调节图像暗部、中间调和亮度的控件和表示当前色调情况的直方图。

拖动这个点。注意，此时由于这个点的位置比原来高了一些，那么相应地垂直色度条上的色值就比水平色度条上的色值亮。拖动这个点或沿着这条曲线拖动，可以将色调提亮。向下拖动则相反。

例如在图 4.4 中，通过提高一个控制点将整个画面色调提亮（从美学角度讲，这个也许并不完美，却是一个很好的示范）。它的工作原理就是：对新曲线上的点位于水平色度条（原色调）上的位置与垂直色度条（新的，调亮后的色调）上的位置进行比较。最简单的记忆方法就是：点向上拉时是变亮，向下拉时是变暗。（注意这是默认时的调整方法；要是灰度图像的话就完全相反了，或者还可以使用 RGB 进行调整。）

> 注意　曲线还可以调整颜色，虽然其他的调整图层命令也可以实现颜色调整。如果用曲线调整颜色的话，最好是单独对红、绿、蓝三个颜色分开进行调整，而不是使用默认的 RGB 等量地控制它们。在曲线属性面板中单击 RGB，从相加的原色中选择一个原色进行调整。

使用曲线的注意事项

在掌握了曲线调整图层的技术理论之后，还需要注意一些用以实践的小技巧。

● 不要太过于夸张。例如，不要将曲线夸张地调整成 S 型（像图 4.5 中有两个回折），这样会产生反相的色调效

图 4.4　将曲线上的控制点向上或向左移动，色调值会变亮，曲线会升高，变亮的部分与原色调成正比。

图 4.5　曲线太过于夸张的话会产生非常糟糕的效果（如色调分离的效果）或者会产生明暗反转的效果。最好让调整平顺一些。

果，因为明暗度会互换。（按住 Ctrl/Cmd+I 快捷键看一下原效果。）在做曲线调节的时候，要小心而谨慎。

- 用两个控制点可以调整对比度。在曲线上单击添加两个控制点，一个调节暗部，一个调节亮部。控制点略向下色调变暗，略向上色调变亮！

- 尽量不要使用超过三个控制点。通常我只会使用 1~2 个，除非是想要调整出奇异的色调。控制点太多的话，图像可能会变得一团糟或者出现反相的效果。

- 还可以使用取样工具 🖐 选择色调，（在曲线属性面板的曲线直方图的左侧）在图像的某一个区域或色调上进行点击。你会看到一个沿着曲线移动的空心的控制点，它表明当前取样的数值位置。在图像上点击以添加不同色调的控制点。在制作特殊效果或改变其明暗时，这种方法很有效。

- 使用调整图层的蒙版，可以局部使用曲线调整命令。假设你只想提亮一部分区域让其更加凸显，但又不想让图

直方图

只有理解了直方图，才能够更好地使用曲线调整图层命令。直方图位于曲线属性面板的中心区域，曲线的后面（图 4.3）。直方图就像是汽车的计速器，当进行调整时它能够给出简单的数据；只有对当前的速度有所了解，才能够调整速度（或图像色调）。（然而直方图和计速器所不同的是，当将曲线上的点升高或降低时它不能互动地做出回应。）

直方图上的数据代表着图像从明到暗的所有色调，以起伏的峰状图的方式呈现出来。峰值越高，代表着显示在水平色度条上相应的色值越大。直方图十分有用，因为它能显示出当前色调的数量值，从最深的，暗部的（默认是从左边开始）到中间调再到纯白（默认状态时在最右边）。如果图像暗部太重，直方图会形成多山状聚集在下面色度条的暗部；同样，图像过亮时形成的峰值会聚集在另一边色度条的位置。

要知道直方图的形状与图像的质量没有直接的联系。即使两张图像极为相似，它们的直方图的形状也可能完全不同。也就是说，要避免局部直方图的出现，避免在每一个色谱的底部形成短的平谷式的分布，因为这样颜色会缺失（缺乏纯黑和纯白的对比）。这些图像还需要进一步调整以增加对比度，用曲线或色阶命令对整个色调进行调整。

像的边缘也变亮，在调整时只需要针对主要区域进行调整，在图层蒙版的其他区域涂上黑色以去除调整效果。另外，还可以在添加调整图层命令前使用选区，Photoshop 会自动地只针对选区进行调整，并自动对选区外的其他部分使用蒙版。

- 使用两个曲线调整图层。也就是说使用一个曲线调整图层能够很轻松地控制暗部，但是要同时控制高光就很难了。为图像的其他区域增加第二个曲线调整图层，例如亮部区域，对色调进行细微的调整，而不是在一条曲线上完成所有的操作。

- 将曲线调整图层剪切给单一图层，这样曲线调整图层就只会作用于一个图层。最重要的一点是用于合成的图像的光源都各不相同，必须让其与背景光源相一致（图 4.6）。剪切调整图层，可以点击调整属性面板下方的剪切图标，也可以按住 Alt/ Opt 键在调整图层和位于其下方的图层间点击。

黑白

虽然没有特定的设计目的，但黑白调整图层能够代替传统的黑白减淡、加深和过滤，只需要移动滑块就可以加速完成这些操作。

相匹配的部分

过暗的部分

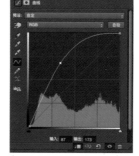

图 4.6 将调整图层剪切给需要调节的图层，然后让其明暗度与周围相一致。在这个例子中，有一块区域过暗，用曲线调整图层命令可以将其调亮。

当然，黑白调整图层还可以将图像转变成黑白效果，可以单独控制每一个颜色的明暗度以调整其灰度。在调整面板中点击黑白调整图层按钮，在打开的黑白属性面板中单独调整每一个颜色的数值（图 4.7）。如果想

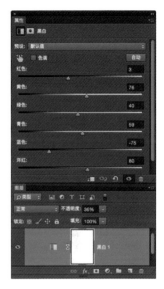

图4.7　图中元素的光感过强，有点让人无法接受（左图），所以我增加了黑白调整图层（右图）对饱和度（降低透明度）和每个颜色进行了调整。

让绿色（已经转换成了中灰）转换成更浅点的灰色，就可以将绿色滑块向右移动，这样所有由绿色转换成的灰色就变浅了。

　　当透明度低时，黑白调整图层能够巧妙地控制颜色的饱和度和明暗度（我很少使用100%的不透明度，因为它会让图像完全变成黑白效果。）通过移动每一个颜色上的滑块调整明暗度，可以获得最好的图像效果。例如，图4.7中的元素带有大面积的灯光色，为了让光线统一，首先我需要将色调调整得更加柔和一些。添加黑白调整图层，将不透

提示　黑白属性面板中的滑块修改图标（在滑块上方）在快速修改同类颜色时十分有效。点击滑块修改图标，然后直接在图像中点击拖曳进行颜色取样。在图像中直接进行颜色取样，Photoshop会相应地在面板中找到相匹配的滑块（一次一个滑块）；来回地移动光标调整颜色滑块和直接使用它是一样的。

明度降低到40%以降低其饱和度。然后调整浅黄、深红和蓝色以增强图像的对比度。

色彩平衡

在图像合成中，当颜色与其他元素的颜色不匹配时，色彩平衡是图层拼接的最好选择。也许这些图像来自于不同的灯光拍摄，不同的相机或者不同的色板。使用色彩平衡调整图层，能够很轻松地对色调进行统一。色彩平衡属性面板有三个滑块：一个是从青到红，一个是从洋红到绿，还有一个是从黄到蓝。图 4.8a 和 b 都使用了色彩平衡对两个图像进行了混合。带剑女子的颜色与冷酷的背景颜色相比偏暖，所以要向冷色的区域移动（青一些，蓝一些，绿一些）以便于让两个图像更好地融合在一起。开始时滑块都会保持中立在中心位置上，可以来回移动进行细微的颜色调整。

尽管 Photoshop 还有很多其他方法（有的还更加精确）都能够平衡颜色，调整图层却是一个十分好用的工具。它简单而快捷，只需移动滑块就可以完成所有的工作，在很多时候都是我必然的选择。

色相 / 饱和度

色相 / 饱和度调整图层是我快速改变颜色和调整不饱和度的第一选择，它可以用颜色范围改变选定的颜色（在第三章的提示中讲过）更换成一个新的色相。色相 / 饱和度

a

b

图 4.8　a 和 b　色彩平衡命令虽然不是特别精致，对大多数偏色来说却是十分快速而有效的。一开始将人物拼合到背景中时，我发现与冷色调的背景相比，我拍摄的模特偏向暖色调（图 a）。使用色彩平衡调整图层将人物的色调变冷，以便于让其更好地融入场景中（图 b）。

是结合了色彩平衡和黑白两个调整图层的基本特性，包含了一个用以快速调整饱和度的滑块，还可以简单进行中和与改变颜色。当我要对某一个特定的颜色进行改变时，色相\饱和度调整图层尤其有效。例如，在图4.9中的婴儿床下方我需要一个小的绿色物体，以完成色彩的构成。所以我添加了色相\饱和度调整图层和颜色范围蒙版，将婴儿床边玩耍的小球换成了适宜的绿色。

> 提示　即使不使用蒙版，也可以用色相/饱和度调整图层命令对特定的颜色范围进行改变或者中和。在色相/饱和度属性面板中，从第二个下拉菜单中选择颜色（默认设置是全图）。使用下面的颜色渐变甚至可以限制或者扩展颜色的变化，例如一个限制在黄色，一个限制在红色，另一个就是介于黄红之间——可以无限地改变颜色和调整饱和度。

图4.9　色相/饱和度调整图层和使用颜色范围（见第三章）的蒙版在改变颜色方面尤其有效；它们可以对选定的颜色或限定的图像区域进行改变。在这里我将球由红色变成了绿色。

滤镜

和调整图层有关系的是滤镜，它一样可以作用于图层。所有的滤镜和调整图层都可以让图像发生巨大的改变，并且还有助于无缝拼接或添加新的视觉效果。虽然滤镜没有专用面板，但是有滤镜菜单（图4.1）。虽然很多滤镜的操作都显而易见，但在后面的部分还是会对个别滤镜进行讲解。像智能锐化和减少杂色滤镜，可以弥补质量的缺失，像颜色调整有助于图像拼合。当需要动感的时候，可以使用模糊滤镜。在第九章中，会使用这些滤镜制作太阳光晕；同时在第十六章中，会使用这些滤镜制作眩光效果。

智能锐化

智能锐化滤镜的智能体现在对锐化的控制力上，它能够去除杂色（仅在Photoshop CC版本中），修复各种模糊效果，无论是动感模糊还是镜头模糊（图4.10）。这种组合方法比其他的锐化方法（像USM锐化）更加灵活，当进行图像拼合时，使用智能锐化也很有效。在第十四章会详细地进行讲解。

在使用智能锐化滤镜时，无论是普通图层还是使用智能滤镜的智能对象，都有一些要注意的地方。

● 避免半径过大或锐化数量过高从而产生色圈。这不仅仅看起来很糟糕，而且还很不专业。当半径大于模糊强度时，能够增强对比度。在此基础上再加上锐化数量就会显得有点过头，在边缘的外边很可能就会产生色圈。一开始时半径大小和模糊的半径相一致（我自己的设置通常在 1~3 个像素），然后增加数量滑块的数值直到最大，也不会产生明显亮的色圈。在 Photoshop CS6 和旧版本中，数量数值通常保留在 100% 以下，但是在 CC 版本中即使是增加到了 300% 也不会产生不良的效果。

图 4.10 智能锐化能够修复各种模糊效果，并且比其他锐化方法更加灵活。

智能滤镜

对于滤镜而言，智能其实就是无损编辑的另外一种方式。使用智能滤镜意味着在使用了滤镜之后也可以反复地对设置进行调整，并且完全将滤镜移除而原有图像不变。然而，智能滤镜只作用于智能对象，首先必须将图层转换为智能对象。然后才可以选择滤镜 > 转换为智能滤镜。一旦图层是智能对象时，Photoshop 会认为所有使用的滤镜都是智能滤镜（会在图层面板上创建一个单独的蒙版、缩略图和使用了这个滤镜的可视化图标）。

然而要注意的是，有个别滤镜，像液化、消失点和 CS6、CC 版本中新增加的一些模糊滤镜还不能被作为智能滤镜使用。对于滤镜菜单中的其他滤镜，都可以通过点击将其转换为智能滤镜，让其以无损的方式进行编辑——这就是智能的方式！

a

- 将其放大近距离观察锐化效果及其色圈和杂色，然后缩小观察整体的锐化效果。总之，不要锐化得太多而产生色圈，也不要锐化得不够像没锐化过似的。
- 点击按住滑块左边的预览图观察原图像效果，然后松开鼠标可以看到当前使用智能锐化后的效果。这样可以快速地切换进行前后对比。
- 从下拉菜单中选择要移除的模糊类型，通常会使用高斯模糊和镜头模糊。当锐化由镜头运动产生的模糊时，选择动感模糊，根据模糊的运动方向转动角度线（会自动填写角度）设置旋转刻度盘；然后调整数量滑块直到动感变得不太明显（图 4.11a 和 b）。注意它对动感模糊严重的图像作用不是很大——它是智能的，不是万能的。

b

图 4.11　a 和 b 用移除选项的动感模糊功能对轻度的动感模糊照片进行了修复。设置模糊的旋转角度，然后调整数量滑块直到满意为止。比较移除后的图像 b 与原图 a，图 a 因没有使用三脚架拍摄而产生了轻微的对角动感模糊的效果。

减少杂色

当拼合不同质量的图像时，减少杂色滤镜是无缝编辑的一个利器。保持一致性对整体的拼接是非常重要的，要想使这些拼图的碎片完美地融合在一起极具挑战性。杂色往往出现在曝光不足的图像中。

杂色是随机产生的可视化的静态点。噪点（杂色）是由于在光线较暗的环境下，拍摄时传感器的信号幅度过大（相机 ISO 值过高）而产生的（详情请见第五章）。

像这样的滤镜并不多，但是减少杂色滤镜的确可以去除噪点。它可以平滑锐化后产生的颗粒效果，还可以消除相机高 ISO 产生的噪点并发症。通常我都是只对杂色使用这个滤镜（我觉得这个很重要），尤其是对那些随机的杂色点，减少杂色滤镜可以很轻松地去除并且不会产生像图层模糊等后果（图4.12a 和 b）。

a

b

模糊

你见过将图像的浅景变成深景吗？图像

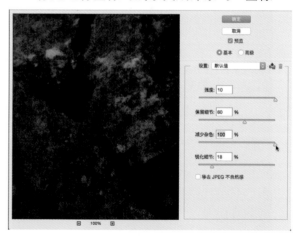

图 4.12　a 和 b 减少杂色滤镜对由曝光不足或 ISO 过高而产生的杂色很有效。在图 a 中可以看到岩石浅色阴影中的杂色，图 b 是减少杂色后的效果。

模糊的原因不是靠得太近就是靠得太远。使用各种模糊的滤镜能够帮助我们将视线集中在正确的位置上，还可以创造出景深和动感的效果。用动感模糊滤镜能模拟出长时间的曝光效果吗？Photoshop CC 和 CS6 增加了一些很棒的模糊滤镜，它们的使用范围很广，无论是模拟移轴镜头，还是模拟普通镜头的模糊效果都很好（图 14.13）。

图 4.13 三个模糊滤镜位于同一个子菜单中，这个菜单的特点就是为了让图片获得更好的模糊效果。

最新的三款模糊滤镜

最新的三款模糊滤镜分别是倾斜偏移、光圈模糊和场景模糊，它们共用一个对话框但能够创建出不同的模糊效果。而我使用最多的是径向模糊。下面是关于这三个滤镜简短的介绍。

> **警告** 当前这三款新的模糊滤镜都是有损编辑。智能对象无法使用它们，所以要想使用，最好先复制出一个图层作为备份（Ctrl/Cmd+J）。

- 移轴模糊滤镜能够实现镜像渐变过渡的模糊效果，就像是在浅景中拍摄小物件，比如微缩模型。这些图像没有受到障碍物的阻挡而变得视野广阔（图 4.14）。
- 场景模糊滤镜既能模糊又可以锐化。与传统的高斯模糊滤镜类似，场景模糊滤镜允许设置多个点，并且可以单独对其进行数量控制。这个滤镜对一个图层上要制作出不同的模糊区域尤其有效——例如模拟出一个真实的场景模糊效果。
- 光圈模糊和场景模糊有点类似，不同的是它不仅具有控制性还增添了一些其他

图 4.14 移轴模糊滤镜能够创造出有趣的微观景象，即使是再大的景观也感觉像是用微距拍摄的。

的功能。光圈模糊不是普通的模糊（像场景滤镜），也不是针对局部区域的模糊，而且这个模糊的形状是椭圆形的！可以直接设置光圈的半径（椭圆的半径）和方向，同时也表明了这个区域过渡开始的地方（图 4.15）。使用光圈模糊时，在预览图中就可以对多种功能进行编辑。例如，点击按住默认的焦点将其拖曳到新的区域，或者在图像的其他区域进行点击添加新的焦点。点击模糊区域的外环能够使之扩大，旋转光

圈半径能够强制使模糊像素半径为 100（图 4.16）。四个中间点是为了调整内环而不让内部受到模糊的影响（称为锐化区域）。

提示　在使用光圈模糊滤镜时，按住 Alt/Opt 键可以单独移动内焦点，一次移动一个焦点（而不是默认的四个一起动）。有时锐化区域最好在一个方向上扩展，而不是所有的方向，为此你只需移动一个内锐化点就可以了。

模糊开始的位置

使用完成模糊半径的位置

图 4.15　光圈模糊滤镜能控制模糊开始的位置，并且可以控制从锐化到完全模糊的过渡程度（用半径滑块设置）。

模糊的位置

模糊半径值

图 4.16　光圈模糊滤镜应用十分广泛，既可以控制局部的模糊又可以控制模糊的程度，同时还可以自定义，并且在一个图层上还可以有多个模糊区域。

多个控制点的位置

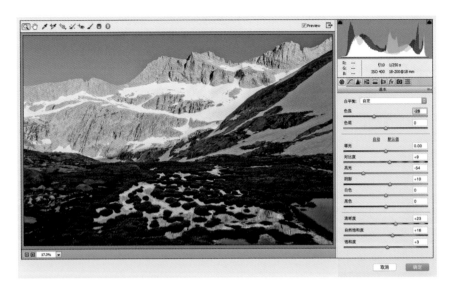

图 4.17 Camera RAW 滤镜编辑器是无与伦比的最新智能滤镜，所有的滑块和编辑界面都可以作用于 Photoshop 的图层环境。

Camera Raw 滤镜

Camera RAW 编辑器能够对 RAW 图像进行无损调整，可以调整色温、光影、清晰度、专业曲线和颜色。在第五章中将对 RAW 格式的主要特点进行讲解，但不对 Adobe Camera Raw（ACR）智能滤镜的使用进行讲解（图 4.17）。

ACR 滤镜的使用不像 JPG 格式滤镜的使用那样灵活（所有滤镜都可以作用于 JPG 文件格式），因为 JPG 格式可调整的内容更加有限。

小结

有了这四个调整图层命令和这几个滤镜，几乎就可以完成所有的无缝编辑——无论是深浅的拼接还是颜色的拼接。利用这些命令不仅可以修复图像本身的缺陷，还可以增强整个图像的效果，甚至可以赋予图像更好的景深度和动感效果。在后面的章节中，你会看到大量使用了这些调整图层命令和滤镜。

> 注意　即使 ACR 滤镜的界面和专业 RAW 文件编辑器的界面相同，它也不能完全替代 RAW 编辑器。

第五章

摄影与合成

本章内容：

- 相机类型
- 相机配件
- 全手动曝光控制
- 用 Photoshop 的 ACR
  （Adobe Camera Raw）
  插件编辑 RAW 格式图片
- 为合成档案拍摄不同题材
- 组合的照明策略

摄影是影像合成的重要环节，通过摄影可以完全用自己的原创素材来完成一个项目。摄影使设计师可以完全掌控自己的创意，不会再受制于摄影参数或者依赖于图片库。以图像处理软件 Ethereal 为例，用手动曝光的方式拍摄云彩能让拍摄者需要的那片云彩适度曝光。无论用傻瓜相机拍摄纹理图片，还是用数码单反相机拍摄一个重要的主题图片，对过程的完全掌控将帮助设计师提高合成的质量，节省后期编辑的时间，并且尽可能地获得最好的素材图片。本章包含了很多基本的手动曝光方法以用于合成。作为设计师，建立一个优质的图片集，即是为制作任何创意合成做准备。

相机类型

近些年相机种类层出不穷，从简单的傻瓜机到单反相机。当下智能手机的拍摄质量甚至能和早期的数码单反相机相媲美，而且技术更新变得越来越令人印象深刻，这些都是势不可当的趋势。如果计划购入用于合成工作的摄影设备，对设备的熟悉程度将会有助于选购。数码拍摄设备的种类较多，如可更换镜头的智能相机、全画幅微单等。然而，只要弄明白以下 3 个最基本的类型，就能够搞清所有的相机种类了。

▶ 飘渺（2008）

- 简单的傻瓜相机
- 微型单反相机或类单眼相机
- 数码单反相机

下面将会讲解相机硬件知识，尤其是与合成技术有关的技术。

傻瓜相机

傻瓜相机易携带并且全自动，无论何地都能极好地抓拍瞬间及细节。同时，此类相机也可以拍摄风景，并且能很好对焦。另外，虽然智能手机的拍摄功能在不断的提升，但仍然处于较为低端的傻瓜相机的水平。但是对于频繁使用相机的人来说，还是推荐能更好地对焦、支持光学变焦、存储容量大、电池寿命久、处理速度快的专用相机。几乎三分之一用于合成的素材都是用专用的傻瓜相机拍出来的。这种相机在直接拍摄场景时能把图像处理得非常清晰，并且提供了有用的图像资源。例如，以图 5.1 为例，这款傻瓜相机完美且最大程度地抓住了这个场景，以便应用于以后的场景合成。

标准的傻瓜相机受制于很多使它们更快更简单的要素：比如固定的镜头、没有手动曝光功能（尽管现阶段很多高端的相机提供手控曝光设置）。大体上，傻瓜相机不像其他相机拥有极大的灵活性，因为它们主要被用于快速记录。举个例子，假如你需要一个

a

b

图 5.1 a 和 b 在未加修饰的情况下，傻瓜相机设使图形看起来生动。我用佳能 SD1000 相机记录了这些瞬间，当我在瑞士徒步旅行时，拍摄了水和岩石，并合成出许多美妙的风景。

特殊的背景镜头，或者说一个室内场景包含很多对象，并且必须以某个快门速度，傻瓜相机是最好的选择。除此之外，至少需要一个类单眼相机或者数码相机，甚至更好的入门级单反相机或者高级类单眼相机。这些相机除了具有最原始的性能以外，还具有极好的灵活性以及良好的曝光和对焦控制能力。傻瓜相机主要用于快速储存图片。因此我总是有一个备份，以防遇到潜在的某些问题。

技巧　经常使用傻瓜相机中的场景模式功能，如微距模式（常用于拍摄花）、动态场景（比如一个人奔跑）、风景模式（比如山脉）。这些特殊类型的模式设计为的是优化曝光质量（但也存在一定的限制，比如无法拍摄 RAW 格式）。

微型单反相机或类单眼相机

融合了傻瓜相机和单反相机各自在尺寸和性能方面的优势，这种类型的相机主要以多样性取胜。微型单反相机和类单眼相机也是合成相片的完美之选，与傻瓜相机和智能手机相比更具灵活性，与单反相机相比操作没有那么复杂，性价比也明显优于单反相机。从产品特点和设定来说，类单眼相机的功能与其"大哥哥"单反相机更相像。比起传统的取景器，其只在液晶屏幕上取景。尽管许多相机有固定的镜头，很多新型的"全画幅"相机在傻瓜相机的基础上，还可以更换镜

头，这真的是两全其美。如果你并不想成为专业摄影师，却又想拍到一系列高质量并且完整的图片，比如 RAW 格式图片（简而言之，就是能手动控制并且既快又简单地完成拍摄），这样的设备已经足够了。

注意　每一种相机都有不同型号的传感器，它不仅影响像素数量，而且也影响照片质量。全画幅传感器就像它的名字一样比其他标准的传感器更大，如佳能 7D 的 C 型传感器，能拍摄出非常高质量的图片。为方便了解更多，我推荐大家看本龙（Ben Long）写的《完全数码摄影》一书（Cengage Learning 出版社，2012），那里面有一系列关于传感器、镜头以及其他的关于相机部件的描述。也就是说，通过看这本书，你可以了解到关于数码摄影的一切。

数码单反相机

数码单镜头反光相机，也就是所谓的数码单反相机，能提供很多有创意的控制。单反相机最大的优势是，它可以根据拍摄对象的不同更换多种镜头。而且，单反相机还提供了对于光圈、快门、对焦、白平衡等非常方便和简单的操作。为了方便用户使用，很多相机提供了场景模式，可以在相机优化其他设置时手动控制光圈和快门（当然这种功能已经不是单反相机所特有的了）。当我用自己的单反相机拍摄合成素材的关键部分，特别是拍摄实物和野生生物时，就不只是需

要创意了，还需要更好的控制及更高质量的图片。

例如，一旦你拥有了单反相机，就不仅有了上述更好的光控能力，而且有了更大的光圈范围，更大的传感器和更强大的处理能力、自动对焦能力、测量能力（当然没有了快门延迟）。总之，我个人已经是无法离开强大的单反相机了。但这种相机并不能隐蔽拍摄或者随手拍摄，因为它需要在拍摄前进行一段时间的调试，而且在公共场合又不可能隐藏；当你拍摄时，周围的每一个人都会注意到你。当然，对于创造力和控制方面的优势也让这些额外的时间和负重变得十分值得。就像一个画家选择多种画笔和颜料，只为了一个恰到好处的情形和形象。我们作为摄影师，在使用单反相机时也要选择最恰到好处的设置来进行曝光控制、对焦和后期处理。图 5.2 展示了使用单反相机和长焦镜头得到的基本图像。不管对于多少部分的结合这都是一种很好的配置，这张图是使用 APS-C 尺寸的传感器进行的拍摄并且曝光时凸显出了云朵。这种单反控制在建立自己的图片集并收集图像素材时是非常有帮助的。

如果你能支付得起，可以考虑双机位，一个高端的不引人瞩目的傻瓜相机用来拍摄即时的图片，一个强劲的单反用于拍摄重要

图 5.2　由佳能 7D 单反相机拍摄，它提供了多种功能的镜头和曝光控制，其生成的 RAW 格式文件有更好的后期处理灵活性。

的素材。在绝大多数情况下，傻瓜相机不会因为取下镜盖、清理传感器，或者调试光圈、快门等全手工控制而延误时机。因此，为了捕捉更多精彩的瞬间，这种相机可以随身装进口袋或者背包里。当你并不着急而且需要精确曝光、氛围或者其他创意拍摄时，可以使用单反相机，它会提供所有你需要的精准控制。如果傻瓜相机是一个素描本的话，单反就是一个绘画工作室。

如果你需要节省费用，但是又需要选择一个可以拍摄所有图片类型的相机，那么类单眼相机可以满足你广泛的要求。如果打算入手类单眼相机，那么要确保它可以拍摄 RAW 格式，因为 RAW 图像比 JPEG 图像拥有更广泛的灵活性和更高的品质。

在采购设备时，一定要关注用户的评论

和同类产品的横向对比。例如，在数字图像评论（www.dpreview.com）上可以找到最新的规格、评论和对比。同时，强烈建议去本地的摄影器材店看看，找找对于器材的手感；某款设备的技术清单听起来可能不错，但拿到手时就已经不仅仅是直观的感觉了。

镜头和传感器尺寸的影响

对拍摄图像的效果来说，镜头、传感器尺寸的选择和机身的选择一样重要。镜头以毫米来计量，不同的镜头依据尺寸和聚焦长度的不同适用于不同的拍摄任务。例如，短焦镜头（佳能 7D 的 8~18mm 的镜头）特别适合广角拍摄，然而 70mm 或者更长的长焦镜头是为长距离拍摄设计的。当需要不同的尺寸和镜头时，记住以下几点建议。

- 标准镜头（APS 传感器的 35mm 镜头，全画幅的 50mm 镜头，全画幅镜头采集更少的画面）和我们眼睛所看到的场景非常接近。所以，要想拍摄一张使得观者感觉他们就在那看着或者至少通过窗户看着的场景时，这种镜头就是必选的。
- 广角镜头（8~18mm，15~28mm 的全画幅镜头）用于非常狭小的空间而且不能够把场景中所有的东西

图 5.3 当你想在一个没有足够空间的场景中拍摄到你想要的所有东西时，可以使用广角镜头尽量多地摄入内容。APS-C（非全画幅）上的 15mm 镜头就可以完成。

都收入画面时。广视角对于被收入画面的事物拥有更大的灵活性。在图 5.3 中，我为了把背景中的所有元素都收入画面而使用了 15mm 的镜头，我的工具则挤在了一角。这种镜头对于发展一定的风格也是很有帮助的，因为这些照片都会显示出轻微的扭曲和反常。如果你能够使自己的照片和其他使用广角拍摄的照片匹配，那么你就已经准备好

了进行广角拍摄。聚焦长度计量的吻合会使最终的作品产生意想不到的效果。虽然当源图像的聚焦长度不吻合时,我们的眼睛不一定能准确地分辨出图片中到底有哪里不对,但总能感觉到的确有东西不对劲。

- 远景拍摄或者长焦拍摄(70mm或者更长)把场景中的一部分放大到我们的视野中(图5.2)。长焦镜头在我们想要拍摄到远处物体的细节时会特别方便。例如,它可以使你在不惊动野生动物的情况下得到很好的近景照片。

当然,即便是使用相同长度的镜头时,根据相机传感器的不同,也可以获得不同的视角。全画幅摄像机拥有较大的传感器范围,可以拍摄到摄入镜头的全部图像。然而,如7D(非全画幅的)这种装配APS-C传感器的相机因为较小的传感器尺寸就会或多或少地裁剪掉一部分图像。傻瓜相机特别是智能手机上的相机通常都只有很小尺寸的传感器,因此在拍摄质量上也就无法和大尺寸传感器的相机相比。

> **建议** 如果有足够的预算,那么高质量的镜头特别是微光镜头(光圈接近1.4)绝对物超所值。这种镜头被称为快速镜头,可以在微光条件下依然以很快的快门速度进行拍摄,为我们提供在不同光照条件下非常强大的摄影能力。

控制曝光

购买一架类单眼相机或者单反相机只是通往高质量摄影的一步。你还需要突破自动模式(意味着不再是大众水平)来控制相机的三个基本元素:快门速度、光圈和ISO。一旦你了解了它们的原理和它们之间的相互影响(每次曝光控制中或多或少的相互平衡),就可以更自如地控制相机拍摄照片并得到更多的可用素材,以完善自己的素材库。

图5.4 在慢快门速度下拍摄的水流产生模糊效果变成了丝状的流体。这里用了接近一秒钟的曝光时间。

图 5.5 用 1/4000 秒的拍摄快门的速度不够快，无法拍摄出清晰的效果。

快门速度

快门速度调节是指拍摄时相机传感器暴露在光照下的时间长短，以秒的分数比进行计量（对于更长的曝光时间则以秒计量）。如果想拍摄有运动模糊的照片，可以把快门速度调慢（如 1/4 秒），然后把快门打开较长的时间。例如夜间拍摄星星划过天空的轨迹和流水的丝状视觉效果（图 5.4）都需要使用慢的快门速度和长时间的曝光（夜间拍摄甚至长达数小时）。相反的，如果想拍摄更清晰的图像，比如捕捉一只小鸟的翅膀

扇动到中间时的图像（图 5.5），就需要设置更快的快门时间（普通的运动捕捉要短于 1/125）。根据相机和拍摄对象的不同，如果快门设置慢于 1/60 秒（相机上标注为 60），那么在手持拍摄的情况下大多数常备镜头和设置都可能会产生运动模糊。但是如果有相机支架的话，在特定的相机设置下可能在 1/30 秒的快门速度下依然能够得到清晰的图像。所以，为了防止意外的运动模糊，可以使用三脚架或者在其他曝光条件（例如改变光圈、ISO 或者同时改变）允许的情况下提高快门速度。

> **建议** 如果镜头或相机具有照片的稳定性功能（有时也称之为光学稳定性），那么可在必须使用慢快门速度得到长曝光时使用。这可以让你在慢快门情况下进行手持拍摄，但又不会使你在很快的快门速度下进行同样操作时动作僵硬。同样，当你拍摄同一场景用多次拍摄进行合成时一定要取消照片稳定性，因为它可能会造成不同的照片之间有轻微的偏移。

光圈

可以把光圈想象成相机的瞳孔。当扩大时，大的瞳孔允许更多的光摄入；当缩小时，小的瞳孔限制光的摄入。光所能够通过的区域取决光圈的半径，它让我们能够控制照片的景深，也就是图像所聚焦的多少。当一束狭小的光束通过镜头的光圈时会产生很大的

a

b

图5.6 a和b更小的光圈直径,如5.6a中f/11可以把整个场景都很好地聚焦。更大的光圈直径,如5.6b中的f/4只有很窄的视野深度聚焦在近处的物体上,远处的都很模糊。

景深,也就是说不管是近的还是远的物体都会十分清晰。当一束较宽的光束通过光圈时将会产生更浅的景深,也就意味着只有单一的距离是聚焦的。这是因为传感器上有一个更宽范围的光束被聚焦,降低景深就是只有一些光线能够被完全带到焦点上。光圈以f

指数衡量,光圈的设置能够让你在拍摄时控制景深(图5.6a和b)。大的光圈(f)指数如f/22,意味着更小的光圈尺寸(也就是更少的光可通过区域)和更大的景深。相反的,f光圈指数为f/1.4表示有着更大的光圈(允许更大范围的光通过),即只有离镜头很近的物体才会非常清晰。

> **注意** 光圈指数(f)是指镜头焦距(假设50mm镜头)除以毫米单位的光圈直径。所以一个50mm镜头和一个光圈直径设置在25mm宽的f光圈指数就是f/2(焦距比2)。一般而言,当你需要更多的光进入相机时,可以选择更长的曝光(可以控制运动模糊的快门速度)或者光圈指数(控制景深)。因此,这总是一个权衡的过程(例如当你在室内进行低光条件拍摄时)。

ISO 感光度

第3个基本设置是感光度。感光度通过在传感器上记录之前增加信号来控制相机的光学敏感度,更高的感光度意味着信号更大的增强效果。但是,以这种方式增加光学敏感度的代价是噪声,也就是降低图像清晰度的随机光亮和颜色。如100~200这种低的感光度产生更少的噪声,相反高至1600甚至更高的感光度产生大量的噪声(因为传感器微小的噪声也随着信号增强而增强)。如果有效光十分弱以至于改变快门速度和光圈会引起太多的模糊,可以尝试改变感光度来

图 5.7 我把感光度提高到 1600 以对星星适度曝光。非常幸运的是，合成噪声基本和星星调和在了一起。

进行拍摄（图5.7）。

掌握三位一体曝光

掌握曝光三角即快门速度、光圈和ISO，是指为控制影像适当曝光而采取的各种方法间的平衡。为得到正确的外观和曝光，必须达到三个曝光控制项的最佳互易作用率，统称为三位一体曝光。

假设查看相机曝光表（图5.8为我的曝光表）时，你看到了合适的曝光影像，此时

快门速度
光圈
曝光表
感光度

图 5.8 用我的手动曝光控制的佳能 7D 拍的照片，场景曝光效果非常好。

如果改变三个曝光控制项中的一项，必须同时改变其他两项以便保持良好的曝光理解（互易作用）。与众多相机一样，我的佳能7D使用的是 1/3 档光圈。这就意味着，如果通过按键来控制快门速度，按一下加快快门速度，相机曝光表显示曝光向左移动 1/3 档光圈（说明我在用 1/3 光圈曝光）；并且提示我，或单击一次调节光圈，或单击一次调节 ISO，以弥补快门速度的转换。这就是互易作用、改变和弥补原理。

> 注意 不是每款相机都有可设置的光圈区间，这可能与我的相机设置不同，所以一定要仔细阅读相机手册。

这就是相机攻略的乐趣所在，也是需要相互弥补的原因。如果你想要有更深层次的影像，那就需要使用高 f 档并弥补较慢的快门速度以便收入更多的光（互易作用）。我们必须承认，这一过程有其复杂性，而且在

拍摄时需要动作稳健。你需要更高的 f 档（深层次）以及更快的快门速度（定格动作），二者均会限制感应器接收光的量。所以这时你就要借助加速 ISO 来弥补其他两个控制项（增加量就意味着要牺牲画质）。很有道理，不是吗？

虽然理解三位一体曝光最初听起来可能有点复杂，但其中也有很多资源能帮助你全面掌握曝光和互易作用概念。例如，我建议以 Jeff Revell 曝光开始：《从快照到大片》（2014 年《桃核》）。曝光控制实际上是对完整影像的控制，可以确保你达到自己想要的效果，实在很值得一学呀！

配件

对于将好素材变为合成体来说，配件几乎和相机一样重要。这里有一些我最忠爱的配件，可以帮助你提升摄影水平。

将三脚架放置于地上

在想要拍摄清晰和掌控影像时，将手和相机放在固定的三脚架上。例如，在光线弱的情况下，三脚架的作用是很大的。利用其增强的稳固性，可以增加曝光时间（因为手持拍照时，相机没有运动）、避免噪声，而且仍能拍摄到场景适宜的深度。购买时，要

留心以下几点。

- 水平仪和锁定系统。如果设备可能摔在地上，三脚架即失去其意义。三脚架应与相机重量成比例，且锁定容易、安全。水平头部可以确保你拍摄到想要的直线照片。
- 柔软的脚管套。如果需要连续几小时在寒冷环境中拍摄，可以为三脚架装上脚管套。摸着光溜溜的金属三脚架看起来只是小事，但请相信我，在冰冷环境中拍摄，热量很快就会被吸走（图 5.9）。
- 平衡重量与稳定性。确保你选择的三脚架足够轻以便长距离携带，同时也

图 5.9　在荒无人烟的雪地远足摄影，需要结实的、智能的装置；三脚架上部腿的管套使得在冰冷环境中架起设备容易了许多。

要足够结实以便承受相机和镜头的重量，并保证可以长期使用。三脚架的制作材料与其成本、重量和力量等息息相关，所以要确保三脚架能满足你的拍摄需要。金属三脚架一般稳定性更高，但也更重；碳素三脚架就轻多了，可以携带至任何险峰。

图 5.10 　在 DSLR 上安装间隔表可以自动拍照。这张图你可以看到我在装配佳能 7D

- 三脚架云台。相机与三脚架的连接并保持平衡处也是极其重要的。我认为三脚架最可贵之处是其快装系统，可以快速安装，也可以在需要手持拍摄时迅速取下。云台自带水平仪，不需要其他产品的帮助也可以得到影像的水平外观，这是云台的另一大优势。我还发现，在需要精确调整相机的朝向和方向时，调紧或放松手柄可以起到重要作用。

间隔表和滤光镜

间隔表用于摄影时双手忙不过来的情况。基本上，间隔表可以看作装有内置计时器的摇控开关。它比 DSLR 简易计时器功能更强大，可以在设定的间隔后进行拍摄，这样你就可以在相机前摆造型或陈列拍摄元素。例如，我将并不昂贵的间隔表与 DSLR 连接在三脚架上，分别拍摄出了图 5.10 中所有漂浮的物体、第七章和第十一章中的组合体。

滤光镜也是很有用的配件。例如，偏光镜可以很好地切掉强光和较小反射光。如果你计划进行疯狂的户外远足并拍摄大量照片，为每个镜头配置像样的 UV 保护滤光镜是重要的小额投资。在危险的环境中拍摄时，不论有关高山远足还是逃离凶恶动物，我见识过这小小的滤光镜承受击打和沙石、尘土、泥浆等——将昂贵的镜头玻璃安全完美地挡在其后，成功地完成了拯救任务。

在Adobe Camera Raw 里编辑

正如前面所提到的，以 RAW 格式拍摄的图片，在后期调整时具有很大的灵活性。通过 Photoshop 中的 Adobe Camera Raw （ACR）编辑器，你可以在不破坏文件的前提下，轻松高效地编辑各大品牌相机拍摄的各种未经处理的文件格式（如我们在第一章所讲的那样，每个生产商使用其特有的不同形式来存储 RAW 数据）。双击选择的 RAW 图像可将其在 RAW 编辑器中快速打开，此编辑器是 Photoshop 默认的程序，但更像一个接待室。前面章节中我们曾提到，目前，Photoshop 可以在 CC 版本中接

图 5.11 展示了 ACR 编辑环境的 Photoshop CC 版本，如果你的版本与此不同，请不要担心。每个版本中各选项的名称和位置可能会不同，但多数功能是一样的。

入 ACR 编辑环境，作用相当于智能过滤，为所有工作流程和可能性敞开了大门。

图 5.11 对于曝光、白平衡和颜色之类的严格调整项目，ACR 是再适合不过的了。这个图像最初有轻度的曝光不足、缺乏对比度且颜色不鲜艳，所以上下移动滑块，就可以弥补这些不足了。

注意　如果相机是最新款，而 Photoshop 是旧版本，可能需要为 Photoshop 下载相机 RAW 更新。有时，相机生产商在 Adobe 发布其产品补丁前发布硬件，那么你可能必须等几个月才能得到最好的支持程序。这个问题的解决办法是，先将所有文件都转成 DNG 格式，然后在 ACR 编辑器里编辑。

使用滑块调整

在色温调节器中填充阴影，Adobe Camera Raw（和 RAW 格式）可以通过在单独的、被称为 XMP 的、同个文件名的、有 xmp 后缀的外部文件中保存相关设置及原始编辑数据来编辑所有非破坏性文件（例如大照片 .cr2 和大照片 .xmp）。编辑图像后，如果你想将其与编辑结果一同移动，应选中并同时操作两个文件（RAW 和 XMP 文件）。

我建议使用如下流程处理 RAW 图片：首先改变色温，然后整理曝光，紧接着处理阴影（我喜欢细致地填充）、强光，之后是对比度，最后是需要做的其他事项。用这样的顺序，就可以将图片编辑出自己想要的效果和审美平衡。之后，凭借 Photoshop 的图层和其他常用功能，进行余下的调整工作。然而在完全应用及混合编辑前，要再做些全域编辑。因为在这一情况下，你是用未处理过的文件进行有效处理，所以可以创作出最

图 5.12　通过色温滑块，可以同时对比图像暖（9400K）和冷（4500K）版本。

提示　使用白平衡工具（I），快速选择（单击）白或中性灰，用作 ACR 设置色温滑块的参考。如果不确定应该选择何种温度，可以这样开始练习。

棒的品质。我最常用的滑块如下。

● 色温。当你最初使用相机拍摄图像时（图 5.12），相机设置Kelvin 光温度为白平衡，通过这一设置可以使图像变冷（向左滑动）

或变暖（向右滑动）。最好的办法是使白色呈现纯白，非冷非暖。在 RAW 下拍摄的这一特点，基本上免除了在相机上设置白平衡的需要，因为可以进行完美的后期处理。

- 曝光。正如可以在相机上设置曝光一样，也可以在拍摄完成后使用此滑块（图 5.13）做一些修正。甚至针对轻度发散的强光，向左轻滑 1 或 2 档将曝光调暗，也可能找回一些细节。感应器记录下多于其表现出来的可视数据，曝光滑块可以查看这些数据。ACR 可以处理 16 位图像，JPEG 则只能处理 8 位图像，这就意味着在编辑时有更多的信息可以参考（在曝光范围和微小变化中看得最清楚）。

图 5.13 在我将曝光滑块调整到 +1.35 之前，此图片有些曝光不足且看起来很模糊。

- 对比度。此滑块可调整图像对比度，我倾向于调整完阴影和高光后使用它。

这样我就能在图像中得到想要的细节，之后增加一点对比度来突出它们。

- 高光。此滑块只可降低高光部分，而不是为轻度跑光的图像调整整体曝光。它可以在不影响图像其他基调的前提下找回一些细节。例如，图 5.10 中的第一个 RAW 图像示例，一些云彩强光对于我的品味来说有点过了，所以我将高光滑块向左移动，把它们调暗了。这项功能只有 RAW 图像才具备，所以很值得一提。

- 阴影。对于想要为后期图片的阴影加光的情况，此滑块的作用弥足珍贵。有时，摄影中难免出现高对比情况，但阴影滑块（从前称为填充滑块）可以找回想要的阴影细节。

> 提示　如果在高对比度的环境下拍摄并使用阴影滑块找回阴影中的细节，要确保使用尽可能低的 ISO。增加阴影的同时，也会增加其中的杂质。

- 白与黑。这两个滑块可调节图像中的黑白场。我一般不动用这两项设置，除非图像完全达不到黑白程度。事实上，通过这两个滑块可以创造出更多对比度，而且比对比度滑块更精确、更独立。

- 清晰。此设置可以通过降低清晰度（向左滑动）使图像变柔和，也可以

a

清晰度	0
自然饱和度	+75
饱和度	+15

b

图 5.14 用更深的 16 位深度（大范围光度和暗度）为 RAW 文件增加清晰度以提高局部对比度（与温和的 HDR 理念和外观相似）。这常常会导致物体的边缘出现异常，如此处树的轮廓周围出现可见光晕。

通过增加清晰度以创造出高动态范围（HDR）效果。它可以极好地衍生质感或使物体阴影及外形更戏剧化。但是要有节制地使用这一功能，因为它产生的效果很快会让人觉得古怪和做作（图5.14）。

● 饱和度及鲜艳度。这两个滑块常常搭配使用。你可以调节一下饱和度（单个像素的色彩强度），然后轻

图 5.15 a 和 b 首先调低饱和度，然后调高鲜艳度以弥补降低的饱和度，从而达到更正常的饱和度效果，这样就变换了天空的色彩强度。

微增加鲜艳度滑块以弥补调节。鲜艳度同样会影响色彩强度，但不是普通层面的影响，而是要看一组相似颜色。与更改每个像素的颜色不同，鲜艳度滑块可查看同样颜色的

提示　如果有经常会用到的参数，可以保存设置为预设，并将其用在同一次拍摄的同一组镜头的其他图像中。单击预设选项，然后创建新预设图标▨。用好记的、描述性词汇为其命名，然后单击确定按钮▨。这样就可以无限量地使用预设了（甚至可以用于一大组图像的一次性编辑）。

区域并只增加那些颜色的饱和度。例如，图 5.15 中的天空就是由多种不同颜色组成的。这对滑块通常可以协助创造一种颜色——与某一图像外观一致：将饱和度降低（如 -30），增加鲜艳度以弥补降低了的饱和度。我发现调整后的作品更柔和，其平均分布的颜色更适合大一些的区域。

ACR 的其他特点

除了这些滑块，ACR 窗口还有一些可爱的特点，可以帮你在将图像同步到合成效果之前提升工作流程及图像质量。在窗口右侧柱状图下方，ACR 提供了一列图标（图 5.16）。第一个图标 ⚙ 显示刚刚提到的滑块选项，是默认视图。单击曲线图标▨，利用与 Photoshop 内已有版本的调整层相似但更加优化的调控功能，完成对图像的初步曲线调整。清晰图标可以打开清晰调控功能 ▲，此功能对处理有少量污点的图像很有帮助。虽然不能创造奇迹，却可以提供 Photoshop 调整层无法完成的、很大的清晰度调整灵活性。在此非破坏 RAW 设置中，总要首先应用并调整清晰度。

注意　即使图像并非类似拍摄，比如场景不同，也可以使用 ACR 设置。虽然此方法可行，但图像可能不再是最初那样拥有独特之处。在其中一个图像上调整滑块，有可能对其他图像外观做出很不一样的改变。

图 5.16　在 ACR 编辑器内，单击这些图标进入并调整各类不同的设置。

现在来说说 ACR 和 Adobe Bridge 的神奇功能：批量处理。例如，你可以在 Bridge 内选择整个拍摄的所有缩略图（在文件夹或收藏夹里都可以），并在 ACR 中将它们全部打开。在 ACR 窗口中，如果所有图像都是在同一设置和场景下（最好是同场景）拍摄的，按住 Ctrl/Cmd+A 快捷键，一次性选择并编辑所有图像（或在窗口的左上角单击选择全部图标 全选 ）。ACR 将对所有选择的图像进行各项滑块调整，并在拍摄文件夹里为每个图像生成 XMP 文件。

我喜欢先选择整组镜头并编辑，这样就可以使基本场景看起来正确，然后从 ACR 缩略图中选择单个图像进行修改、修补，最后优化单张照片。有时一个主题会有不同的光线或一些细小的变化，这时就可以使用相同的相机设置；同时编辑所有图像是很有用的，之后再逐个进行调整。

素材拍摄

仅仅是为了记录，或是为了一个场景或主题的视觉艺术效果来拍照是不够的。一般意义上的合成指的是其他两种不同类型图像的组合，最终融合成一个图像。但是创建一个有用、具有合成价值的存档，需要计划并提前构思如何捕捉图片，以便让它们能在后续的许多情况下也可用。这其中的一部分就是，不仅仅为了特定主题而拍摄，也为其他题材拍摄。比如，这些奇怪又独立的水体、树皮、树、金属、粉刷等其他镜头。它们都不是什么特别引人注目的事物，但是与其他图像结合起来，会帮助你创建一个新的概念。要尽可能多地拍摄不同的景象，始终考虑你的视点，并且考虑你是如何捕捉那些在后期合成时会用到的图像的。摄影时，要牢记可能以后会在其他的房间为简单场景进行后续的增添而做的遮蔽、裁剪或留白。你越能这样考虑，当有灵光一现的时候就越能做得好。

图 5.17　在黑暗背景下，以千分之二秒的速度快速曝光（避免了模糊）以拍摄火花。

从我自己的素材库来看，我从不拒绝这类图像（除非它曝光太差，很难看清），因为每张照片都可能被用到。因此，放好大容量的存储器（和备份）来存档，并按照这些提示拍摄以便合成作品。

- 烟火。使用较快的快门速度和黑暗的背景以突出火焰，同时保持它们清晰锐利。把傻瓜相机设置成操作模式，或在手动或快门优先模式中增加数码单反相机的快门速度（图5.17）。晃动的快门会产生运动模糊，而不是一个快速的停止。例如第八章和第十章的烟火图片，我只是一直等到晚上，直到能设置一个不错的黑暗背景，然后才在烟花绽放的时候快速曝光。

- 水。如何看待这个问题，取决于在你的合成中，你是把水看成一种结构，还是一个主题下的水，比如湖、河、瀑布或海洋（图5.18）。有时这种方法更多的是看到图像微距模式的方法（当你需要接近尖锐的焦点时），研究一下水纹该如何应用于其他情况中。其他时候，你的做法可能会寻找并拍摄大画面流动的水，或静止状态的水。在这两种情况下，要知道自己是要拍摄快速运动的水还是慢速运动的水，需要很深的深度，或浅处的焦点（虽然通常情况下，越多越好，你可以模拟在后期制作的聚焦模糊）。例如，为了拍摄快速移动的水纹作品，要保持你的快门速度和水流速度一致。根据照明不同需要和一天中不同的时间，户外防水

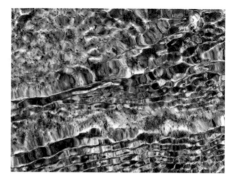

a

b

图 5.18 a 和 b 用微距拍摄水纹 a，同时具有更大的景深图像，因此在合成作品 b 中，可以使用水作为主题。

镜头也需要不断地变换，所以未雨绸缪，提前计划你想要实现的情景吧。（如果你想要金色时光，不要在雨天的正午去拍摄）。至于水的拍摄，反射和着色也发挥着作用，所以要选择正确的角度

和视点（为保证后期合成需要，前期应大量拍摄）。当合成时，反射通常要进行相当密切的匹配。因此，试试得到一系列的反射，这些或多或少是人工可以自由识别的对象，或任何太脱颖而出的事物。

● 人物。当要拍摄人物进行合成时，在心中想着预期的背景图片，就可以配合拍摄场景的角度，把他们放在预留的位置。背景是用广角镜头还是用长焦镜头？如果不是十分精确地知道背景到底会是什么样，那就尽量捕捉那些失真小些的图片，以备后续的灵活运用。一个带有 35mm 镜头的 APS-C 相机和周围有 50mm 镜头以及全画幅传感器的相机，会让你在开始看的图像接近于正常人眼看到的图像。给作为模特的大人和儿童明确的方向和反馈，给他们描述你想要的画面，使他们可以看到你所看到的，这样可以避免因为姿势而引起的一些尴尬。比如，我就给图 5.19 中的模特说过，远处有一帮拿着尖棍的掠夺者；她立即伸手去拿剑并且怒视着他们（越过了她面前的白墙）。这样的一组变化以及镜头都是第九章的完美辅导教程。

对于小孩，做游戏吧。捕捉他们对玩具的渴望，拍摄你想要或想达到的效果。当情绪到位时，保持你的快门快速捕捉那一刻。保持灵活性，并从中得到乐趣。

● 建筑。建筑的多样性是关键，拍摄所有的事物，从未来派的玻璃结构到倾斜着的附满苔藓的谷仓。你永远不知道，你未来合成需要的是哪个错过的片段，因此要从不同角度和方向大量拍摄。

图 5.19 无论你是以大人还是小孩为主题，让他们和你一起玩耍，一起想象，你的镜头会比现实更出彩。

不要停止拍摄街头的直接景象，在所有的天气情况下，从人行道向上拍摄，从屋顶往下拍摄。你永远不知道建筑物何时会派上用场，有时只是像第十五章里的纹理或小件，或者作为第九章中的背景。注意观察一天中不同的时间，以及天空的反射。因为这些会改变云层的反射，进而影响建筑的外观，日落也有同样的作用。如果你找到了一栋有趣的建筑，挑选一天中不同且有趣的时间进行拍摄，就会带出不同的有趣的特点（日出和日落的环境事件就是一个很好的开始）。我拍摄了一张城市景观照，从日出到日上高楼。后来才发现，这个灯光和角度完美地契合我在约塞米蒂国家公园从日出到日上圆顶时拍摄的图片。图5.20展示了由上述材料合成的图片。

- 风景。这些通常以自己作为背景来拍摄。当被用于外部合成时，它们多被用来作为填充对象。对开放性的场景进行拍摄，可能要加入其他潜在元素，像给一个房间添进家具一样。拍摄时要使用高编号的光圈，以确保整个景点是关注的焦点。你可以进行模糊处理，但不能总是拿镜头来实现。

- 树木。这些家伙可以保证一点，就是

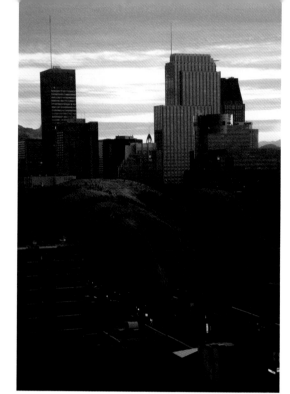

图 5.20 从不同角度拍摄建筑，甚至从另一个高楼的有利地形，以及借助于一天中独特的时间段，来拍摄一个有趣的背景。

它们的姿势。当拍摄树木时，考虑你的角度和光线，因为它们会立即改变树木的外观表象。如果你已经胸有成竹，那就变换位置来实现目标。例如，图5.21是我拍摄的一个小山附近的树，捕捉一个略高点儿的有利点，并使它看起来正符合第十六章项目的其余部分。如果你脑中还没有任何构思，那就灵活地拍摄一组照片——如有必要，也拍摄一些平光下的照片，这样在后期制作的时候就可以满足不同的

图 5.21 树至少是静止不动的，但也需要一些修饰，诸如借助于不同光线和视点下的建筑，来对其外观进行大的改变。

图 5.22 动物不可能一直游荡，并摆出你想要的姿势。因此，当你看到一幕时，尽快按下快门，看看能拍到什么。

需求。

● 天空。当我站在一个完美的位置上拍摄的时候，完美的天空很少能匹配到完美的景观。所以我分别收集它们各自完美的照片，然后合成。回过头，拍摄任何时间你看到的有趣的云图和天空的图片，比如云的形成、彩虹、暴风雨来临前的景象、迷人的日落。日落在各种合成中都能派上用场，从

调色板和混合模式的效果，到代替枯燥的天空。高对比度的场景，例如日落，甚至对云的凸显，都很难得到正确的效果。一种策略是始终曝光最亮的元素。对一点进行拍摄时，你可以按照以下操作来实现：当只有完全指向它在最亮区域的时候，你才可以半按快门，不让手离开，把相机移动到你想要拍摄的架构中，然后完全按下

快门（这点对于其他相机也适用）。

● 动物。无论你是在拍摄鸟类、松鼠还是狮子，靠近它们，让它们摆姿势都是一种非常大的挑战。随时准备好按下快门，最好是快到你刚遇见一只野生动物的时候就立即按动快门。如果你有这样的机会，就可捕捉一个景中的多个点。如图 5.22 所示，比起与小蜥蜴眼睛同高度的视角来拍摄，从高高的人类高度往下来看会产生非常不同的效果。记住，野生动物不一定是要野蛮对待的。当地的动物园、农场，甚至救助站可能驯服野兽，或能满足你潜在的需求。

点亮它！

适当的照明意味着完美的计划和控制，无论是在拍照时对一天中的时间进行选择，还是搭建工作室内的布置。规划合适的角度，来匹

图 5.23　a、b 和 c　从一个你自己会按照并匹配的，照明的想法或者例子开始。对于自然规律，我用原始的城市照明 a 作为指导，来控制工作室拍摄 b，因此最终的合成能够相互协调 c。

a

b

c

配你镜头下景象的其他部分。良好的照明准备和图像之间的一致性非常重要。例如，第九章中的合成的自然规律，我需要给一个模特（图5.23b）打光并拍照，然后合成到一幅我早先拍摄的蒙特利尔，魁北克省的图片（图5.23a）中去。为了得到帮助，我邀请了我的朋友 Jayesunn Krump——一个屡获殊荣的摄影师和灯光专家。按照我们的计划，我们点亮在蒙特利尔的城市景观照明的模型，获得足够的填充和重点照明，并为它们匹配了合适（图5.23c）的角度。另外，把照明的方向考虑进去是至关重要的。就如 Jayesunn 解释的那样，"温度和偏色可以在后期制作中进行调整，但你不能轻易改变你的光线和阴影的方向，也不

能确保你的阴影都落在同一个方向，并且都从一个相关的方向投射来，还有着同样的强度"。

绘制照明草图，有助于规划更好的匹配效果。画一张自上而下的照明草图，就像用相机从景点的场景勾画出一幅图片一样重要。上述角度能让你更好地看到照明的角度，几乎就像 2D 的乒乓球游戏。它不需要华丽，只要玩转角度就可以！例如，图5.24 展示了 Jayesunn 为自己最喜欢的一幅图——隧道的尽头制订的照明计划。他解释道："我在相机的右侧设置了一个单独的闪光装置，并让它对准我要拍摄的主题临近的墙。光从闪光装置弹出，照亮了隧道壁和主体的一侧。我真的很喜欢这样的方式：硬光线充满场景，

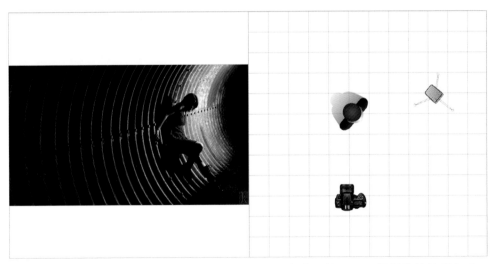

图5.24　无论是使用一个手机 APP 还是素描纸，在动手前，尽量规划你的拍摄角度。Jayesunn 的这个草图是以从上往下看的角度绘制的。

并且随着它从隧道走来而落下"。

　　一旦安排好你的照明角度，就可以利用调节器来调整光的质量。反射器、扩散器、雨伞，甚至纸片和铝箔，都可以用来调整、控制光线，模拟从既定方向来的各种不同柔和的、几乎无影的光线（所有中间的物体也是无影的）。比如，如果你要模仿云或者其他柔和的光线，尝试使用扩散器，以帮助分散光源区域并且软化通过光从源点直接照射而形成的阴影。大部分情况下，我都使用一个便宜的五合一可扩反射器，你可以使用任何东西来控制侧光，即便是专业人士也可以使用。Jayesunn 建议使用价格低廉，且易得的白色和黑色泡沫芯，"白色那面可以很好地充当调节器，黑色那面可以吸光并且加深阴影"。图 5.25 所示的毁灭女王是一个很好的例子，可证明如何通过调节器来控制光线。他解释道："一旦很好地掌握了调节器，你就可以运用同样的方法来控制闪光"。

小结

　　高超的合成来源于强大的摄影照片。让你的原始图像看起来美好，这就是所有的奥秘了。这是合成技术里面很大的一部分。控制好你的摄影器材、光照和 RAW 文件，去拍摄一切可拍之物，并建立一个像样的照片

图 5.25　Jayesunn Krump 的毁灭女王是一个镜头，这个镜头控制精准，利用一个调节器来调节灯源以控制光照的吸收和反射。

档案。这样做了之后，你就已经为随时蹦入自己脑海中的想法做好了准备。毕竟，合成真的是一个大脑摄影的练习：在你心中捕捉并创造令人折服的图像吧！

第六章

准备与管理

本章内容：

• 制作图像板

• 使用动作命令创建自动程序

• Adobe Bridge 的等级排序

• 为第七、八、九章准备素材

拍摄出成功作品的关键就是：一定要做好准备工作！现在你已经对管理和编辑有了一定的了解，下一步就是将这些理论应用到实践中。在这部分会学习到三种合成的方式，并为其做好准备工作。另外，根据第七、八、九章的教程创建开始文件。

合成形式

在为合成做好准备前，首先要对合成的形式有所了解。合成的形式一般分为三种，每一种都有其自己的特点。

● 由多个图源构成的复杂的合成形式，如（图6.1a）由多个纹理或材质构成，这些材料都需要提前准备好。我一般都会先制作一个大的图像板。图像板实际上是一个分离的文件，包含着所有用以图像合成的组件。在这个图像板中，你既可以选择全部图像也可以选择局部的一小块图像，就像是在调色板中选择和组合颜色进行绘画。在做最后拼合前（甚至是由一堆小的碎片拼合而成），将这些碎片图像放置在同一个画面中，可以轻松地观察用这些碎片拼合的图像效果。

▶ **图6.1** a、b和c 无论是用图像的板合成的图像（a，《火焰》），还是以固定视角拍摄合成的照片（b，《可爱猫咪》），抑或是以独立标签置入合成的图像（c，《自然法则》），在合成前这些管理和准备的工作都是必不可少的。

a

b

c

- 在同一个场景中的图像要有同样的光源、定位和视角等（图 6.1b）。第七章中可爱的猫咪就是典型的例子，所有的图像都是瞬间捕捉的，具有共同的光源和视角。Adobe Bridge 是一个很好的控制面板，因为它能够对图像质量进行比较并且做出评价。对于这一类合成，要清楚什么是适合的镜头视角，关键问题是哪个才是最适合的镜头。
- 由图层进行拼合的元素虽然较少，但是仍然是由不同的图像拼合而成（图 6.1c）。这类合成往往不需要花时间将元素拼合在一个画板中，而是使用 Adobe Bridge 选择图像在 Photoshop 中以标签的方式打开。

文件标签也是工作区域中用以管理的一种方式，一旦标签不易被识别就需要进行整理。这类合成的方式不同于同一个场景中的图像合成，因为这些图像分散在多个不同的文件夹中，而不是在同一个文件夹中。

根据个人喜好，使用最多的可能是其中的一两种，但还是要对全部的合成形式有所了解，并能够清楚地知道如何进行准备工作，毕竟它没有想象中那么简单。下面进入这些合成形式准备和管理的实践操作中。在学习后面三章的教程前，一定要准备好资源文件。

注意　登录 peachpit.com，输入此书书号就可以获得所有的资源文件和视频资料。注册后，注册产品的账户页面上就会出现链接的文件。在此章中，需要三个文件夹（第七章资源文件夹、第八章资源文件夹和第九章资源文件夹），因为这是后面三章教程的准备素材。

创建图像板

一个合成作品往往是由多个不同的图像或多个局部图像构成的（图 6.2），最好的办法就是将所有的图像放在一个 Photoshop 文件中。然后就可以从此文件中或此图像板中选取图像元素，就像是艺术家的调色板，可以从中选取最适合的颜色。用图像板能够使组合的文件更加整齐紧凑，更加易于管理。否则，就不得不把每一个图像在 Photoshop 中打开后进行选择，或者把所有的图像都拖入最后的作品文件中。这两种方法都会造成混乱，使得空间变得杂乱而无从下手。

然而，使用图像板既可以轻松地在各个图层图像中进行切换，也可以把缩略图作为创作的参考，还可以随时进行选择和复制。你可能会在 Photoshop 和 Adobe Bridge 中不断反复地查看所有的图像，但是有一点不要忘了，许多大型作品都是由许多琐碎的细节构成的（就像画家的调色板一样）。除此

图 6.2 本节所做的前期准备，可以在第八章的火焰教程的学习中直接使用，所以前期准备十分重要，可以避免后续的许多麻烦！

之外，还要将每一个图像都放入 Photoshop 中，试着检验一下合成效果，尽管这会花费一些时间（即使使用迷你 Bridge 也是需要花费一些时间的）。使用图像板不仅仅可以随时使用所有的图像，也可以通过动作命令将这些图像自动地置入 Photoshop 中（在后面会进一步进行讲解）。

实践是学习的最好方法，所以在这部分你会跟随教程创建一个图像板，在第八章的二次创意图 6.2 的教程中会再次使用

到。（在开始之前，要先下载第八章的资源文件。）

> **注意** 在工作中我通常会使用双屏查看 RAM 原片。这样图像板的作用会更加有效，因为我有足够的屏幕空间进行操作，并且可以同时打开两个或两个以上的案例。图像板既节省了屏幕空间又解决了 RAM 原片查看，是最理想的解决方案。

在图像板中置入图像

当大量的合成元素置入图像板（例如火和烟雾的图片）中时，可以通过动作面板的动作命令加快导入进程，也可以使用内置的 Adobe Bridge 从一个文件夹或多个文件夹中选择图像置入同一个 Photoshop 文件中。使用 Adobe Bridg，选择好图像后，然后选择工具 > Photoshop > 将文件载入 Photoshop 图层。虽然使用 Bridge 简单而快捷，但没有使用动作命令导入文件灵活。在文件导入图像板前，不能对图像文件进行再选择或编辑。而使用动作命令导入文件，就像是 Photoshop 的自动生产线。每一个操作步骤都会被记录为是一个动作，将动作命名并给它一个快捷方式，然后就可以使用这个快捷键运行整个动作，重复每一个操作步骤。无论哪种方法都需要提前做好准备工作，在长期的工作过程中能够为你节省大量的时间。

跟随下面的操作步骤，创建火焰图像板

动作命令的使用

动作命令的确很实用，但有时会成为累赘。下面是关于文件移动和复制的一些常用规则。

● 将图像作为智能对象完整（不是局部）地置入当前的文件中，可以使用 Adobe Bridge 的置入功能（选择图像单击右键选择置入 > 在快捷菜单中选择 Photoshop）。

● 如果是 3 个以下的图像，就使用移动工具。这其中包括将一个图像中的内容拖曳到另一个图像中。

● 如果是 3~7 个图像，可以使用矩形选框工具，在 Photoshop 中对图像的局部进行选择，然后复制（Ctrl/Cmd+C）粘贴（Ctrl/ Cmd+V）。

● 如果是 7 个以上图像，就可以使用动作预设命令。Photoshop 的动作命令可以自动地重复每一个动作。

复制粘贴的动作命令，为第八章的学习做好准备。首先对一个图片进行复制粘贴，后面的图片只需一个键就可以实现所有的复制粘贴操作，这样能够节省大量的时间。在窗口中选择动作菜单，打开动作面板。制作动作命令的步骤要求十分明确，所以一定要安排好步骤的逻辑顺序。如果文件的标签顺序不同或开始动作时还在点击，那产生的结果会截然不同。首先要确保工作区干净整洁，然后记录所有的动作命令。

> 提示　当然，根据个人喜好也可以不使用动作命令，在 Adobe Bridge 中选择好图像后，选择工具 >Photoshop> 将文件载入 Photoshop 图层可以实现同样的效果。

1. 在 Photoshop 中创建（Ctrl/Cmd+N）一个 8000 x 8000 像素的文件，以便于多个图层进行比较（图 6.3），命名为火焰图像板，然后单击"确定"按钮。

2. 确定这个新的火焰图像板文件当前是打开状态。如果其他文件也是打开状态的话，关闭它们。

图 6.3　使用大尺寸的文件创建图像板，有利于多个图层的存放和比较。

3. 在 Adobe Bridge 中找到第八章的资源文件夹，打开含有火图像的火文件夹。按 Ctrl/Cmd+A 快捷键全选所有文件，然后按回车键在 Photoshop 中打开它们（图 6.4）。同样在 Photoshop 中打开烟雾的图像文件，位置在命名为烟雾的子文件夹中。

> 提示　如果是自己拍摄的火的图像原片 RAW，可以在 Adobe Camera Raw 编辑器（ACR）中用 Ctrl/Cmd+A 将所有图像全部选中，然后点击打开（当然是在完成所有 RAW 的编辑之后），所有的图像都会以单独文件标签的形式导入 Photoshop 中。

4. 不要点击其他的文件标签，使用标签右边的文件选择图标打开火焰图像板文件（图 6.5）。

5. 打开图像板后，选择火焰图像板右侧的另一个文件标签。现在准备开始记录新的动作。

6. 在动作面板的下方点击创建新动作按钮，创建一个新的动作。

7. 在新建动作对话框中，将新动作命名为图像板 _ 复制 _ 粘贴。（最好使用描述的方式进行命名。）功能键的设置能够设定重复动作的快捷键，在下拉菜单中选择 F9（图 6.6）。注意如果快捷键已经设定为 F9，Photoshop 会询问是否介意新动作依然使用 F9。

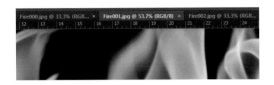

图 6.4　所有的打开文件都会以文件标签的形式位于选项栏下方，以便于管理。

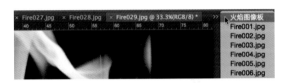

图 6.5　当文件标签过多没有空间显示的时候，文件选择图标就会出现。

图 6.6　就像是拍摄一个 VCR 或者 DVR 节目一样创建一个新的动作。

8. 屏住呼吸，单击"记录"按钮开始记录。Photoshop 会记录你操作的每一个步骤，所以一定要小心！

9. 单击选框工具（M），选择全部图像（Ctrl/Cmd+A），然后按 Ctrl/Cmd+C 快捷键进行复制。

10. 关闭此文件，然后回到火焰 – 图像板标签中（关闭的时候要十分小心，不要误点中其他文件）。

11. 按 Ctrl/Cmd+V 快捷键将复制的图像粘贴到图像色相板中。

12. 单击图像板右边的文件标签，单击动作面板红色记录按钮左边的停止按钮■停止记录。最新记录的动作就会在动作面板中显示出来（图 6.7）。

13. 试用一下新动作：点击动作面板中的播放按钮，Photoshop 会自动从火焰 – 图像板左边的标签中加载图片到图像板中，关闭图像，然后跳转到下一个图像！对于新的图像，只需要按 F9 快捷键就可以将图像直接载入图像板中——这一优秀的工作流程，

> 提示　比使用快捷键或点击播放按钮更加简便的方法是使用按钮模式显示设定动作。按钮模式选项在动作面板设置图标 ■ 右键快捷菜单的最上面。切换后更加便于动作名称的显示和按钮的点击。编辑动作时，需关闭按钮模式。

图 6.7　记录的每一个动作都会显示在动作面板中。

能够节省大量的时间！

14. 对剩余的火和烟雾的图像都使用此动作，但切记不要胡乱点击文件标签。胡乱点击会造成动作记录的混乱，从而可能会加载到错误的文件。除了 F9 不要碰任何键，直到所有的图像都加载完成，只剩图像板。

整理图像板

在将所有火和烟雾的图像导入图像板之后，要对图像进行整理以便后期的使用。

1. 首先，在图层面板中选择所有的烟雾图层。（点击第一个烟雾图层，然后按住 Shift 键单击最后一个烟雾图层，这样两个图层间的所有图层都会被选中）。

2. 按 Ctrl/Cmd+G 快捷键将这些图层编进一个组中，并命名这个文件夹为烟雾。

3. 对所有火图层重复第 2 步，将它们编进一个组中，并命名文件夹为火（图 6.8）。

文件夹标签越明确越易于图像的查找，

图 6.8 整理图像板从图像分组开始。

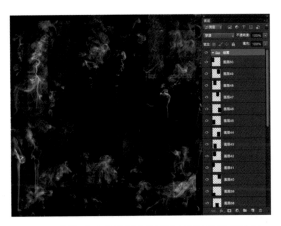

图 6.9 对图层以种类进行划分以便于选择和比较。

接下来要确保在预览时能够清楚地查看火和烟雾的图像。

4. 在层叠的图层下方点击白色背景图层，按 Ctrl/Cmd+I 快捷键将其反相成黑色。

5. 在图层面板中，选择除背景以外的所有图层，将其混合模式更改为滤色。浅色可见，深色将不可见（关于此混合模式可复习第三章）。因为深色的像素变得更加透明，这样只有火光会显示出来。

6. 如图 6.9 和图 6.10 所示，只有火和烟雾显现出来，使用移动工具对其进行分布以便于选择。

7. 按住 Alt/Opt 键点击图层的可视化图标 ◉ 进行切换，只显示当前图层（意味着当前只有一个图层可见）。优点是可以显示出一个图层内容，其他图层不可见。缺点是必须再一次按住 Alt/ Opt 键点击可视化图标，其他图层才能再次显示出来。

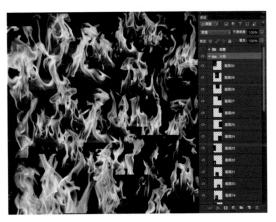

图 6.10 当存放火图像的文件夹当前可见时，可将含有烟雾图像的文件夹关闭，以免造成文件过于杂乱。

提示 在 Adobe Bridge 中创建的收集文件也具有独特的优势。将不同文件夹中的文件置入虚拟的文件夹（收藏集）中更便于查找，而且并没有改变文件的原始位置。在 Adobe Bridge 中选择一个源文件，然后使用收藏标签。点击新建收藏集图标 ▦，将适合的文件拖曳进收藏的缩略图中以便后期的查找。

新建文件

图像板准备好后，下一步就是为实际作品创建新的文件。只需要按 Ctrl/Cmd+N 快捷键就可以快速地新建文件，这种简单的操作方式会为后续的使用减少很多麻烦。图像板的准备为最后的文件合成提供了很大的便利。试着为第八章的案例新建文件，从而更加理解其中的意义。

1. 创建一个新的 Photoshop 文件（Ctrl/Cmd+N），将其命名为火焰。设置为宽 4000 像素，高 5000 像素，分辨率为 300 像素 / 英寸。背景设置为白色，然后单击"确定"按钮（图 6.11）。

2. 打开文件，按 Ctrl/Cmd+I 快捷键将白色背景立即反相成黑色。

图 6.11 创建文件时，文件的大小要为高分辨的图像留有足够的空间。

在黑色背景中可以不断地调整透明度，而不必担心露出白色部分（就像是穿在黑色裤子和黑色鞋子之间的白色袜子，不会显现出来）。因此，让其全黑是万全之策！

3. 接下来，使用文件夹对图层进行整理分类。随着文件量越来越大，这样更加便于查找图层。在图层面板的下方点击文件夹图标 创建新组。

图 6.12 用明确的名称和颜色标注各个文件夹。

4. 双击组文件夹名称对其进行重新命名，例如将文件夹命名为背景。

5. 重复步骤 3 和步骤 4，创建手、火、水、树皮和烟的文件夹。

6. 用颜色对组进行标注：在图层可视化图标 周围点击右键，从打开的快捷菜单中为每个组选择不同的颜色。完成后，图层面板将如图 6.12 所示。颜色标注能够让查找更加便捷有效。

7. 将文件保存到第八章的资源文件中，在第八章中将会使用这些文件。

现在已经为第八章准备好了图像板和创作文件。在学习第八章时，你会发现这些准备是多么的重要。另外，使用同样的方法还可以建立一个含有不同材质的材质板。

Adobe Bridge的等级和筛选

在进行图像合成时，所有的组成元素都要有相同的视角（POV）、相同的光线等。如果图像与场景中的视角和光线一致，需要混合的内容就会少些；如果想要达到更完美的效果，就需要进行更多的混合。此类合成不需要再创建一个完整的图像板，因为从技术的角度讲它们都一样。这些系列图像没有对错之分，只有好坏之分。因此，对于此类合成，对图像进行等级评定是最好的方法，同时还能够筛选掉不适合的图像。

Adobe Bridge 能够对图像进行比较和等级排序，将选择的最佳图像载入 Photoshop 中（或者将其置入相应的文件夹中）。使用这种方法会将所有的最佳图像都载入文件中。为了使这个过程更加明确，在此节中会对第七章的图像元素进行等级评定（图6.13）。在第七章中你会更加专业地使用这些文件和组，名称和层级顺序进行创作。

下载和筛选

根据第五章所讲的内容拍摄了 RAW 格式的原片，为了以防万一用 JPEG 格式做好备份，在创作之前要先在 Adobe Bridge 整理好图片。尤其是为创作专门拍摄的素材，将图像从相机的记忆卡中导入电脑标注好名称的文件夹中。如果从一开始就命名，在创作的过程中就会更加具有条理。接下来就可以打开 Adobe Bridge，打开新的文件夹，将 JPEG 文件筛选掉，只保留 RAW 文件可见（图6.14）。点击筛选标签，选择文件类型，然后勾选 Camera Raw 图像，在浏览时将只显示 RAW 格式的图像。

等级排序

Adobe Bridge 既可以浏览，又可以等级排序（还有其他的功能，比如批量处理）。另外，它只需要双击图片就可以直接在

图6.13 在《可爱的猫咪》（第七章中将再次使用）中的图像元素均来自同一个场景，所以在准备素材时可以使用 Adobe Bridge。

图6.14 像筛选 RAW 文件一样，将筛选出的 JPEG 文件放入文件夹中。我的是佳能 CR2 文件。

Photoshop 中进行编辑。所以当我拿到第一批拍摄的图片时，需要进行浏览以挑拣出好的图片。星级评定功能是最好的选择，用这个方法我挑选出了适合这个案例的最好的图片。

1. 在 Adobe Bridge 中，从选项栏的下拉菜单中选择胶片（图 6.15）。胶片以滚动列表方式呈现，以便图像更好地进行展现和比较。

2. 通过观察，寻找适宜的拼合图像。在合成的过程中，需要不断地尝试才能找到适宜的图像。在图像下方点击 1~5 颗星对图像进行等级分类，或在选定的图像的缩略图上按 Ctrl/Cmd+1~Ctrl/ Cmd+5 快捷键也可以进行等级分类（图 6.16）。

3. 筛选显示出最佳的图像。例如，按 Ctrl+Alt/Cmd+Opt+3 快捷键会显示出所有三星以上的图像；或者从选项栏中星星符号的下拉菜单中选择星等级。

4. 显示出的最佳图像，也可以继续在 Bridge 里根据种类进行分组。例如，我将所有猫的图像按 Ctrl/Cmd 键全部选中，再按 Ctrl/Cmd+G 快捷键编组在一起。与 Photoshop 的编组相同，同样会产生一个如图 6.17 所示的堆栈。左上角的数字 4 指的是该组堆叠文件的数量。注意，取消编组时，点击左上角数字右边的小三角。

图 6.15 把工作区改变成幻灯片形式，以便于通过侧面的滑动列表进行大的图片的比较。

图 6.16 Adobe Bridge 具有较好的等级排序和筛选功能。

图 6.17 在 Adobe Bridge 中对类似的图像进行编组。为了后续的创作，在这里我挑选了四张较好的猫的图像，将其编组在一起。

图 6.18 为了让图像元素整齐有序，请务必使用组文件夹。在第七章的学习中会使用到这些文件夹。

为了提高创作速度，我对需要使用的图像素材进行了等级排序（在第七章的资源文件夹中）。然而，为了使第七章教程学习的准备工作更加完善，需要将这些图像全部载入一个文件中。

准备工作

使用 Adobe Bridge 准备创作文件而不是使用图像板，虽然有点类似，但是这样会更简单一些。为了能够完成第七章的教程，首先需要创建文件框架。

1. 打开 Photoshop，创建新的文件（Ctrl/Cmd+N），将其命名为超人。设置宽为3456 像素，高为5184 像素，然后单击"确定"按钮。虽然数字看上去有些随意，但是它是原始文件的分辨率。（另一种方法就是直接打开背景图像。）

2. 在图层面板上点击创建新组图标以创建五个组文件夹。

3. 双击每一个组名将各个组根据图片类型重新命名：读者、超人、玩具、猫、效果（图 6.18）。

4. 将文件保存到第七章的资源文件夹中，在学习第七章时会再次使用。

使用标签：事半功倍

不是所有的作品都是由同一图像类似的小块素材拼接而成，有时只需要几个块就可以拼合成一个大的图像。如图 6.19 所示，这个第九章的案例就是一个很好的例子，一是由不同的图像拼合而成的。

在这种情况下，准备工作主要是集中在对合成文件的文件夹的管理。从某种意义上说，合成图像就是制作一个将所有配料都混合在一起的卷饼，但有时还需要层次分明就像是三明治那样。最后，要注意图层的前后关系，安排好图层的顺序能够使作品实现更完美的效果。

使用第九章案例的资源文件练习图层排列的顺序。因为创建文件夹时是从下往上，所以最后创建的文件夹在最上面（图 6.20）。

在创建的组里（如第九章中所见）会有个别图层需要调整（有时会是很多图层），使用视觉顺序进行编组的优点就是可以使组合元素的位置不断进行更改。在此文件夹中，可以对每个元素进行调整、移动和变形直到最适合为止，就像是

图 6.19 虽然《自然法则》是由几个大块的图像拼合而成的，但还是需要提前做好创作准备。

将这些最后连接起来组合成一个大的拼图。当然这需要反复尝试。

1. 下载第九章资源文件。第九章所有的图像元素都在子文件夹中：人物、城市、山、天空和纹理。

2. （Ctrl/Cmd+N）创建新的文件，将其名字命名为自然法则。设置宽为2667像素，高为4000像素，以符合图像原大小（大小是原大小的2或3倍也可以）。如果打印的话，要保证分辨率为300ppi，单击"确定"按钮。

3. 在图层面板中创建六个文件夹，按以下顺序进行重命名：天空、山、城市背景、主体城市、草地、人物和效果。注意，创建的第一个（天空）文件夹会显示在图层堆的最下方（图6.21）。

4. 将文件同样保存在第九章的资源文件夹中，所有的源文件和准备文件一定都要在同一个文件夹中——这样当章节多时就不会混乱，而且查找也更加容易！

小结

我并不是在夸大做好图像整理的重要性。回顾我以往的创作过程，就像是在黑屋里一样一团糟。虽然结果还行，但过去的方法条理混乱又耗时——耗费的时间比我当前

图6.20 这是第九章的图层顺序。注意哪个在上哪个在下，因为这关系着最后的合成效果。

图6.21 这些组有助于对作品进行调整，以实现最后的效果。

所使用的时间多得多。在整理上花费时间是非常痛苦难熬的，最好还是提前做好整理工作。相反，在案例开始前做好整理十分重要。想象一下——一个包含有不同源图像的复杂案例，其中有同源的图像也有不同源的图像——最好的办法就是提前做好整理的准备工作。在这种情况下，使用文件夹能够使图层面板更加条理分明。把你的创作想象成是一次自行车旅行：先努力地上坡，后面的下坡就容易多了。

第七章

超级合成

本章内容:

• 快速选择选区
• 巧妙地使用蒙版
• 用曲线调整亮度
• 色彩调整
• 平衡构图
• 使 用 Adobe Bridge 处
  理多张图片
• 为文件夹使用剪贴蒙版
• 仿制图章的无损操作

好的合成作品具有真实感。即使我们知道它是不存在的，也应该让图像看起来真实。合成让我们对所看到的景象更加着迷，而忘却了怀疑。为了能够实现这个目标，在具有技术的同时，还要让图像具有真实感。摄影的写实主义能够从纯粹的图像中构建新的现实，但这并不能代替 Photoshop 超级的合成能力。蒙版、颜色调整、曲线调整、光线，甚至复制都是创造真实感的手段。

无缝拼接是首要目标。在案例我的超级宝宝系列（图7.1）中，会用到蒙版、润色、曲线调整和平衡视觉光感，甚至对隐藏或重构的部分进行复制。

制作背景

先做好准备：打开在第六章中创建的超人 .psd 的合成文件，准备开始这一章的案例教程。还记得那些用以合成的读者、超人、玩具、猫和效果的文件夹吧（从图层栈的最下面开始往上）。

▶ **图7.1** 我儿子具有超凡的力量，而我们的猫唯一能做的就是忍耐。当你把每天拍的照片组合成一个新的世界时，一定要注意将它无缝拼接。

如果在第六章中没有完成这些准备工作，现在最好还是花些时间做一做。你会发现准备文件的更好方法，就像在 Adobe Bridge 等级排序中讲的那样。

注意　注册或登录 peachpit.com，输入书号就可以访问资源文件和视频。输入书号后，文件的链接就会出现在注册产品的账户页面中。

在开始合成时，先创建基础：主背景图像。当选择背景时，要确定背景中含有场景中必要的元素。因为所有的事情都将发生在角落疲惫读书的爸爸头顶上，这样的图片正好可以作为主背景。

1. 在 Adobe Bridge 中打开第七章资源文件夹，找到 Reader.jpg 文件。因为所有的东西都将漂浮在空中，所以这张图片最适合作主背景。

2. 在 Reader.jpg 的缩略图上右击，从快捷菜单中选择置入 > 在 Photoshop 中（图 7.2），此图就将作为智能对象载入当前的 Photoshop 文件（超人 .psd 文件）中。

因为想要完整的图像而不是局部的图像，可以使用 Bridge 的置入命令置入背景图像。如果所有的图像都被置入，不需要的部分就要使用更大的蒙版进行遮盖，因为保存了许多不需要的数据，文件量也会变得巨大。所以当需要整个图像或者至少是绝大部

分图像时，可使用置入方法。

3. 将这个新图层置入图层最下方的读者文件夹中。将它作为底图，其他的图层都将位于它之上并且可见。

提示　我在工作中，比较喜欢手动复制和粘贴每一个图层。但是，可以使用另一种 Bridge 的方法：在 Adobe Camera RAW （ACR）编辑器中一次性打开所有的图像，对它们进行裁切和调整，然后关闭保存 RAW 编辑。在 Bridge 中选中所有图片的缩略图，然后选择工具 > Photoshop > 将文件载入 Photoshop 图层，将图像作为图层置入 Photoshop 中。这样这些图像将单独作为新的图层在当前 Photoshop 文件中打开，然后就可以继续 Photoshop 的操作了。

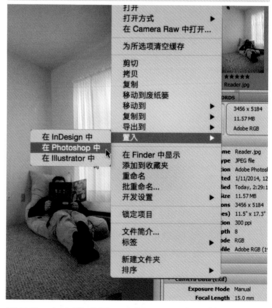

图 7.2　右击缩略图，选择置入不仅能够节省大量的时间，而且还能节省标签所占的空间。

原位粘贴

根据背景，能够大概规划出元素需要粘贴的位置。将这些局部的图像载入后，就可以根据需要制作选区和蒙版了。一开始没有使用选区和蒙版是因为在创作中不是所有的对象都会被使用——有时都可能会被忘却，直到开始布置（或重置）时才会发现它们的存在。如果这些元素不会被使用，那为什么还要花费时间和精力在选择和蒙版上呢？

有时要对导入的元素做个大致的蒙版，尤其是它的部分区域已经影响到了其他元素。但是不要浪费太多时间在蒙版上，除非你已经有了使用它们的想法。（在这个案例中，为了后续的操作，我对过程进行了简化。）

1. 在第七章的资源文件夹中找到玩具文件夹，以单独标签的形式打开 Rabbit.jpg（图 7.3）。

2. 在兔子周围用矩形选框工具（M）画一个小的矩形选区。（为了便于选择，我将周围的区域全部模糊掉。）按 Ctrl/Cmd+C 快捷键复制这个选区。

3. 在粘贴前，回到合成文件中点击玩具文件夹，将这个图层添加到想要的位置上。现在使用原位粘贴（Ctrl/Cmd+Shift+V）将兔子以原位置粘贴到合成文件中，这样粘贴后的位置和原位置就会完全相同。

在这个案例中所有元素都是在同样的场景同样的条件下拍摄而成的，使用原位粘贴添加对象是最好的方法，因为它能够使光线和背景都相一致。使用选区能够移动每一个对象，这种方法为局部的调整提供了

图 7.3　对所需区域进行分离，模糊剩余区域，能够快速地制作出大致的选区。

图 7.4　原位粘贴的首要的目的是使粘贴的局部图像具有同样的位置，不需要轻移。

图7.5 在调整前，规划出主要对象和它们的位置。

图7.6 用快速选区工具（W）选中兔子，但是小心不要将手也选中。

一个很好的参照（图7.4）。

4. 对玩具、宝宝和猫文件夹中剩余的元素重复步骤1~步骤3的操作（图7.5）。现在可以尝试着使用地板上堆积的玩具做一些细化的工作了。（在我的版本中，对象玩具5.jpg穿过了对象玩具14.jpg。）

猫和宝宝的图层依旧在各自的文件夹中——不要忘了给图层做好标签！

这只是第一步，在后面可以根据自己的喜好进行更多的变化。

制作蒙版

大多数情况下，在做蒙版前做好选区非常重要（在第十一章中还讲解了一些其他的案例），尤其对于小的对象受益良多。这就是为什么接下来会对悬浮的玩具先做选区再做蒙版了。

现在的合成可能仍然看起来有点混乱，但是不要失去信心。因为你现在只做了选区和蒙版，还没有调整光影和颜色。一天我在多云的光线下拍摄，拍摄的对象随着自然光的移动在不断变化，我几乎都快发疯了。在工作室里所有的灯光都是左打光，并且每一张图像的光线也都有微妙的变化。可以使用在"用曲线调色"部分所学的内容进行精细的调整，以让其与背景的光源相一致。现在，集中精力做好选区和蒙版。对于每一个对象，用蒙版遮盖住它周围的其他部分都是一个很好的办法。

1. 还是从兔子玩具开始：选取快速选区工具（W），在兔子的身体上进行拖动以将兔子全部选中（图7.6）。

提示　当颜色与背景颜色相近时快速选区工具很难选中，这时可以使用磁性套索工具。

2. 如果不小心选中了手或与兔毛相连的后墙，可以按住 Alt/Opt 键将快速选区工具切换成减去模式，然后在不想要的区域进行拖动以减去不想要的区域。有时要在选择和取消选择之间不断地进行切换。随着不断的切换，Photoshop 会调整它的边缘，试着找到适合的区域。

注意　如果用这种方法没有得到想要的选区，那就不妨试试其他的方法（详情请见第二章）。无论是用快速准确的磁性套索工具还是用快速蒙版的涂抹，都要找到最适合你的那个。

3. 选中后，点击选项栏中调整边缘按钮打开调整边缘对话框。在这里能够调整并且消除遮盖最常见的两个问题：锋利的边缘和选择对象周围的虚边。

4. 在调整边缘对话框中，将羽化滑块更改为 0.8，其对选区边缘的柔化程度刚好与镜头的自然模糊效果类似。不自然的镜头模糊会使合成看起来很假，就像是剪纸的拼贴，没有形成无缝合成的效果（图 7.7）。

5. 将移动边缘设置为 −40，选区边缘将内缩 40%。这样能够避免带有背景像素虚边的出现，并且将兔子移动到另一个地方的时候可以更好地进行融合，直至满意时单击"确定"按钮。

提示　如果选区边缘粗糙且不平滑，可在调整边缘对话框中将平滑的数值增大。通过平均的选区边缘的计算，小的变化也可以消除掉。但是，平滑要适度，太大的话会变成边缘发圆、模糊的大选区！

图 7.7 调整边缘的设置以让其选区更易于融合。

蒙版

在完成边缘调整后，下一个任务就是使用蒙版进行遮盖，以便于更好地进行无缝拼接。在完善的选区基础上的操作就简单多了：只需要使用蒙版，然后将不需要的部分用黑色涂抹。

1. 在图层面板下方点击添加蒙版图标 ▣，将选区转化为蒙版。也许结果并不理想，但它能勾勒出大概的形状。

2. 选择大小为 10px，硬度为 0 的柔边圆头画笔。用不透明的黑色对凸显的不需要的部分进行涂抹，将其遮盖掉，例如与手相连的部分会带有手的粉色像素（图 7.8）。

3. 有时移动边缘会消除掉过多的区域，所以还需要使用白色将这些区域补回来。保持同样的画笔设置，按 X 键切换成白色，在需要的区域涂抹将其补回。如果补得过多，按 X 键进行再次切换用黑色将其减去。

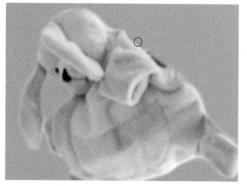

图 7.8 在涂抹残余像素时要注意像遗留的手的粉色虚边。

一个玩具完成了！现在对每一个漂浮的对象重复这个步骤，选区，调整和蒙版。不要担心没有完全遮盖住猫抓柱底部手的图像，你将会用在"克隆"部分学习的仿制图章工具解决这一问题。对于猫毛和地毯，用调整边缘对话框中的调整半径工具进行调整。对于毛发这类选区，调整半径工具很擅长处理其边缘细节。（在第九章中将对此工具进行深入的讲解。）

> 提示 在调整时最好将当前图层隔离，这样能够清楚地看到调整的变化。点击可见性图标 ▣ 让其他图层不可见，尤其是对于那些重叠的部分。

孩子和阴影

在这个作品中宝宝具有超凡的能力：只有无缝拼接得很好才能让人更加信服。如果拼接得不好，整个画面看起来都会非常假。幸运的是，很多时候选择正确的拼接区比调整蒙版容易得多。

我在创作时，总是在观察寻找破坏真实感的关键部位，或许最常见的就是对象脚下的阴影。漂浮对象的阴影通常都不明显，当它着地时，我们就能立即看到影子的所在。在这种情况下，我们需要用不同的方法进行遮盖，这有点复杂：一般都是在蒙版上进行涂抹，而不是制作选区。

1. 如果没有选区，用添加蒙版图标 给宝宝的图层添加一个蒙版。

2. 同样选择柔边圆头画笔，在选项栏中将其大小设置为 100px，在蒙版上用黑色进行涂抹以柔化可见边缘。为了消除粘贴的硬边，将画笔的大小更改成 500px。这个大的画笔能够使用更加柔化的半径进行绘画，其羽化和过渡能够让其很好地与其他的图像进行融合——柔化半径越大，过渡越好。对这个图层使用蒙版，在宝宝和影子以外的剩余部分用黑色进行涂抹。但是要格外小心不能将他的影子和手都遮盖掉，这样会影响真实感（图 7.9）。

a

3. 再次将画笔大小减小到 300px（在涂抹时，手指要不断地按括号键。在想要保留的部分（手）和不想要保留的部分（迪吉里杜管）之间进行涂抹需要足够小的画笔），但是使用大直径的画笔能够让宝宝图层更好地过渡到背景。

> 提示　在为这个案例拍摄时，我发现对于儿童的拍摄一定要玩一些游戏，才能营造出气氛。可以说，抓住气氛至关重要。如果你的模特宝宝对游戏不感兴趣，甚至不想拍照，那就重新开始计划。

图 7.9　用柔边 100px 的画笔将粘贴明显的边缘遮盖掉 a，然后使用 500px 的画笔小心地修复让其过渡 b。

b

调整曲线和颜色

如前所述，在拍摄时尽管光线保持不变，但拍摄出来的照片还是会有些许的不同或者非常不一样。即使室内灯光不变，周围的自然光也会随着时间的变化而有所改变。也许你的工作室就像我家一样，由于电量负荷过大灯光亮度不够（提示：在用洗衣机和烘干机的时候不要拍照。）你可以在 Adobe Camera RAW 编辑器中调整这些变化，但如果不行又怎么办呢？或者你正在使用的是顾客提供的 JPEG 文件。曲线调整和色彩平衡就能解决这个问题。调整曝光是非常重要的技能，作品超级宝宝中会大量地使用。

1. 宝宝是视线的焦点，所以先对这个图层进行调整（图 7.10）。点击宝宝图层，从调整面板中添加曲线调整图层。

2. 将曲线调整图层剪切给宝宝图层，在调整的过程中让其他图层不会受到影响：在调整属性面板上点击剪切图标，或者按住 Alt/Opt 键在曲线调整图层和宝宝图层间点击。当光标在两个图层间徘徊时，会变成一个折线向下的箭头，旁边还有一个白色的矩形（在新版本中）；当你看见光标变成这样时，就意味着一旦单击，调整图层就会剪贴到宝宝图层中。

3. 在曲线的中间添加一个控制点，并稍微向上调整。看图 7.11，观察发现蒙版的边缘完全消失了（当然除了色差）。为了更好地控制曲线的控制点，在这个点上点击，当点变黑时表示已经选中，然后使用箭头键轻移调整到适当的位置。当前案例的设置，输入（下面的渐变代表

图 7.10 注意宝宝图层的光线与背景光线现在是不同的，用曲线调整可以将差异变得不明显。

图 7.11 在消除蒙版黑边时曲线控制点不需要移动太大。

图 7.12 剪贴完后，确定所有的调整图层只作用于宝宝图层。

输入）为 172，输出（侧面的渐变代表输出）为 192，这些数字在曲线控制面板和直方图的下方（也许你还需要扩大面板尺寸才能看全）。

颜色控制

曲线的确很有效，但它并不能修复一切。现在颜色还是有点不匹配，图片中正在读书的爸爸的色调比宝宝的色调暖。色调不同的问题是合成中最常见的问题！用色彩平衡调整，很快就可以修复这种颜色的不同。

1. 从调整面板中点击色彩平衡按钮 添加色彩平衡调整图层，让这个图层位于曲线调整图层之上。一般来说，调整完曲线后

> **提示** 混合模式切换成亮度时，使用曲线调整图层不会改变饱和度和对比度。虽然它不像颜色调整图层那样能够精确地控制颜色，但是能够保持色相和饱和度不变。

再调整颜色，因为调整明暗时也会影响颜色的饱和度。

2. 选择色彩平衡调整图层，然后按 Ctrl+Alt/Cmd+Opt+G 快捷键创建剪贴蒙版或者使用其他任何你喜欢的剪贴方法将色彩平衡调整图层剪贴给宝宝图层（图 7.12）。

3. 在调整属性菜单中（双击颜色平衡调整缩略图会弹出此菜单），将色调的下拉菜单设置为中间调，然后移动色块让宝宝图层的色彩变得暖一些。沿着蒙版的边缘观察这个墙，以它作为调整的标尺。

如果图层的墙还有点发黄，那么其他的图层需要再调整（其他的都被遮盖住了，墙能作为调整的标尺是最好的选择）。在这个案例中，我将青色—红色的滑块设置为+4，洋红—绿色的滑块设置为 0，黄色—蓝色的滑块设置为 –8，将颜色调整至发黄（图7.13）。反复点击色彩平衡调整图层的可见图标 ，进行调整前后的比较。

图 7.13 只需要轻微地调整下色彩平衡就可以使宝宝的图层与背景图层很好地融合。

调整玩具

虽然元素本身都带有自己的光线和色彩，但还是有很多需要调整的地方。幸运的是，在 Photoshop CS5 甚至更高的版本中，调整图层能够剪贴给整个文件夹。这就意味着调整图层能够控制多个图层文件，而不是一个图层。现在可以对玩具文件夹使用这个方法，因为所有的玩具都是在这个阳光射进侧窗的屋子中拍摄的，所有的玩具图层都需要去除阴影和不饱和度。虽然还有一些图层需要进一步调整，但是将曲线和色彩平衡调整图层剪贴给玩具文件夹可以让图层与背景更好地融合。

1. 还是从兔子开始，这是很好的参照物。即使要调整整个文件夹，也最好先集中在一个图层上，这个图层是所有明暗和色彩的集中代表。先停止使用兔子的蒙版，以至于能够更好地看清背景墙。在图层面板中按住 Shift 键点击给兔子添加的蒙版图标，会出现一个红色叉，这表明蒙版暂时不可用（图7.14）。

2. 添加一个曲线调整图层（点击曲线图标 ），将它直接放在玩具文件夹的上面，现在调整图层会影响整个文件夹中的玩具而不仅仅是一个兔子。按 Ctrl+Alt/Cmd+Opt+G 快捷键将这个图层剪贴给整个文件夹。

注意 从 Photoshop CS5 开始，图层可以剪贴给文件夹，使工作充满了更多的可能性。如果你用的还是旧版本，那就为每一个图层复制一个调整图层（按住 Alt/Opt 键将调整图层剪贴给其他图层或者使用属性面板中的剪贴图标 ▦ 剪贴它们）。虽然这个方法有点痛苦，但还是可以使用的。

3. 打开曲线属性面板（双击曲线调整图层缩略图），在对角线的中心点上创建一个控制点。将这个点垂直向下拉动，直到兔子后面的背景墙与背景图像的明暗相一致。随着曲线的改变颜色也发生了相应的变化（除非将混合模式更改为亮度，但还是有一点变化，当然这点变化可以被忽略掉，因为提亮能够让玩具更加饱和。）所以在调整完曲线后先将不饱和度忽略掉，再集中处理墙的暗部（图 7.15）。

图 7.14 按住 shift 键单击蒙版，将兔子的图层蒙版暂时禁用。

注意 在色相和饱和度中是很难区分明暗的。有两个不同层级的饱和度，并且它们的数值一样。

4. 减少墙的黄色，创建一个新的色相/饱和度调整图层（在调整面板中点击色相/饱和度调整图层图标 ▦ ），将这个图层放置在曲线调整图层上，像步骤 2 中那样创建剪贴蒙版。使用这个图层就可以快速地调整整个玩具文件夹中所有图层的饱和度。

5. 双击这个新的图层，打开它的属性面

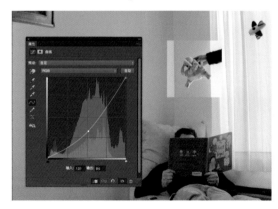

图 7.15 为了让墙的明暗一致，在调整颜色前曲线的数值也要一致。

板，然后将饱和度滑块向左移动到 -46，这是最适宜的数值，它能够减少先前曲线调整后产生的鲜黄色（图 7.16）。再一次按住 Shift 键点击兔子的蒙版启动蒙版，对其他玩具和漂浮的对象进行逐个检查。除了个别的需要一点调整，其他都已经完成得非常好了！

> **提示** 我经常将曲线和色相 / 饱和度调整图层一起使用，或者以组的形式共同使用一个蒙版。两个同时使用效果特别好，它们能够互相弥补各自的不足，并且都能够快速地进行再调整。

图 7.16 使用色相 / 饱和度调整图层能够快速地调整饱和度，由于使用了曲线调整而使得调整饱和度变得更加必要。

创作过程

当蒙版和调整完成后，在深入细节前先花点时间对整个作品进行思考。从视觉流程的角度进行评估，也就是说受众的视线会在图像中进行移动，好像正在阅读它，从而发现它的细节和含义。为了寻求视觉上的平衡，以可爱的猫咪为例，我决定进行以下调整。

- 焦点应该集中在宝宝的周围，所以任何杂乱的东西都会使焦点分散。
- 垃圾箱原来的位置和其他元素有点挤，为了平衡画面，对垃圾箱的位置重新进行安排。
- 尤克里里琴有部分区域已经超出了画面框架，从视觉上来讲这个场景看起来就像是漂浮的状态，所有的元素都在框架内看起来可能会有点假。
- 我故意在画面的框架中添加了一个不完整的对象，而其他的都很整齐地分散在各个区域。即使有一两个不完整，也会显得更加具有真实感。

修复

尽管计划得再周密，在拍摄的过程中还是偶尔会出现差错，且这些错误不能使用蒙版和调整命令消除掉。对于重的对象——例如猫与抓柱——经常需要另外的支撑，手和道具总是不能在相机前隐藏得很好。这个时候就需要使用修复工具，在一个新的空白图层上进行复制，这样仿制图章工具就会以无损的方式对手和其他不需要的对象进行修复。例如，在修复划痕时，使用仿制图章工具在原始图层上的空白图层中进行复制修复。

1. 在图层面板上点击创建新图层图标创建一个新的空白图层，在这个空白图层上进行仿制操作。先将图层命名为新仿制图层，然后将它移动到猫文件夹中猫的图层之上。因为将要在这个新的图层上使用仿制图章工具，如果操作有误的话，可以删除重来（或者使用橡皮擦工具擦除重做）。

2. 按住 Alt/Opt 键在两个图层间点击，将新仿制的图层剪贴给猫的图层，让所有的图层都使用抓柱的蒙版（图 7.17）。

3. 使用仿制图章工具，在选项栏的下拉菜单中选择要作用的图层。将默认的当前图层改为当前和下方图层 当前和下方图层 。现在就可以从当前图层（这个空图层）和下面图

图 7.17 为了让其进行无损编辑，可以在新的图层上（新仿制图层）使用仿制图章工具进行复制，然后将它剪贴给原图层（猫的图层）。

图 7.18 选取一个采样点，要非常近似才能实现无缝拼合。

层中进行复制修复了，尽可能让复制修复的图层与其他图层分离开来。

4. 按住 Alt/Opt 键在能够覆盖污点的相似区域进行取样。例如，我直接在手抓着的抓柱区域上进行点击，让这个区域和无手印的区域相似（图 7.18）。

5. 用取样点开始修复手上的划痕。我使用的是易控制而不会出现意外的很小的画笔，（例如使用大的画笔可能会出现同样的手，或者更严重的后果！）随着画笔的移动观察取样点的位置变化。取样复制完成后，可以重新取样继续修复。

> 提示　如果想让仿制图章工具的取样点与复制的区域位置保持一致，在选项栏中勾选对齐样本。如果想要复制时取样点位置保持不变，就取消对齐样本选项。对小的区域进行复制修复时，这个选项很有效。不勾选对齐样本，就不会重新采样。

图 7.19　使用小号画笔，让取样点跟随画笔移动，修复效果就会非常好。

细节调整

在修改抓柱下边手的部分时，需要一些技巧（图 7.19）。下面就是解决这一类问题的方法。

- 频繁地改变取样点，然后将它们拼合在一起。
- 当你找到一个空白区域，且其周围有足够大的画笔空间时，在选项栏中将取样点设置为取消对齐样本。（这个不能进行切换，所以在使用时要注意检查）。当不勾选对齐样本时，在画完每一笔后取样点都会回到原位置。
- 为了能够看到直接修复的效果，尤其

是已经使用了剪贴蒙版的图层，可以将蒙版扩展到下面的图层。通过切换画笔，在需要的区域涂画白色。

- 有些区域看起来不均匀，可以试着将仿制图章的不透明度更改为 20%。对一个区域反复使用一个取样点，这样仿制出的效果会比较均匀甚至可以仿制出喷枪的效果。

微调光线和效果

　　在创作的最后，我要对光线进行微调以让画面更加吸引眼球。
通常为了吸引注意力，只需要微调下光线效果就能够让乏味的图像
变得很醒目！作为练习，为最后的效果文件夹创建六种不同的效果。
这些效果对比强烈并且色调温和，操作如下（图 7.20）。

图 7.20　在作品中我经常使用这种方法设置图层的光线和效果。

1. 调整暗部增强对比 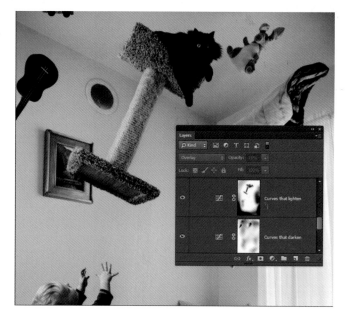：为效果文件夹（图 7.21）创建一个新的曲线调整图层，对不需要改变的区域用黑色在曲线调整的蒙版上进行遮盖。使用蒙版的地方已经很暗了，如猫、阴影和宝宝的裤子。这些细节已经很丰富，不需要再暗了。在曲线中间的位置创建一个控制点，然后将它向下拉动。

2. 重复步骤 1 调整亮部。对不需要变亮的区域依旧使用黑色在蒙版上进行遮盖。对过亮的区域用黑色进行涂抹，像抓柱的高光、窗帘和小的插图还是保持暗的效果（在第 1 步的基础再暗一点）。人们总是被亮的元素所吸引，因此我总是将中心区域变得亮些，四周变得暗些，这样能够更好地将视线集中在主体和漂浮的对象上。

3. 在效果文件夹中再创建一个自定义的光线图层，将混合模式设置为叠加混合模式就可以进行无损的减淡和加深操作了（详情请见下一章）。这种中心亮四周暗的效果更加吸引眼球（图 7.22）。但缺点是，有时颜色会发生严重的改变，所以需要配合一些颜色上的控制。

图 7.21 使用曲线稍调明暗，我一般都是先调整暗部。

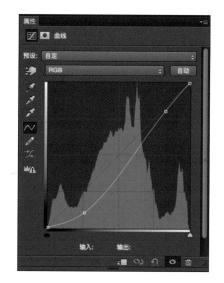

4. 用黑白调整图层▇控制颜色，将这个图层置于前面的效果图层之上。使用这个调整图层命令能够消除由变亮而产生的色斑，将调整图层的不透明度调整到20%以下融合性会更好。当前这个场景的颜色过于平淡，还需要更丰富些。着色主要在第6步中才能完成，让场景的色调变得更暖一些。

在调整好明暗后，有时还需要细微地手动调整（即使是中间调的区域也可以提高饱和度）。方法是在新的图层中使用色彩混合模式调整颜色，这样能够画出任何想要的颜色（详情请见下一章）。因此，可以用吸管吸取适合的颜色（例如白墙），为那些需要调整颜色的区域重新上色。

5. 最后再添加一个自定义的暖色滤镜（图7.23），将一个新图层用油漆桶填充为橙黄色，并将其混合模式设置为叠加混合模式▇。再将图层的透明度更改为15%，就可以看到最终的效果了。我觉得这种方法比Photoshop中自带的图像滤镜好用得多，因为它不仅能控制颜色，还能提高亮度并且不会产生任何色斑。

6. 接下来就是调整剪贴蒙版，让布局看起来更完美。这是最后一次调整构图，所以一定要确定需要存在的和不存在的对象。

图7.22 使用叠加混合模式能够以黑白色进行减淡和加深的无损编辑。

这个场景是使用广角镜头进行拍摄的，所以有足够的空间进行裁剪。在图7.24a和b中，可以看到我是如何裁剪出最佳构图的，包括主体物的裁剪，当然还包括被裁断的漂浮对象，被裁断的漂浮对象暗示着在超出框架外还有更大的场景。这就是所谓的开放式设计，能够让观众进行空间的想象和推测。

小结

完美合成的核心源自于对各种变化的把控，无论是颜色、光线抑或是使用各种蒙版技术进行的拼接。

这些都会产生不同的效果！在第一个教程中，你已经学会了所有的核心技能：使用剪贴蒙版、调整图层、制作选区和蒙版遮盖，还有光线控制。这些功能不仅仅局限于此，在后面的两个教程和第三部分的案例中也会大量地使用。不断地练习和扩展这些技能能够创造出新的奇迹，就像玩火一样（相信我，继续学习下去）。

图7.23 我喜欢用自定义的暖色滤镜，方法是将图层填充为橙黄色，混合模式设置为叠加，降低不透明度。

a

图 7.24 a 和 b　图 a 是未剪贴的效果，图
b 是剪贴后的效果。

b

第八章

火焰的混合

本章内容：

• 适用于图层和纹理的混合模式

• 剪贴蒙版和混合模式

• 叠加混合模式减淡和加深的无损编辑

• 用滤色混合模式抠出火的形状

• 用颜色混合模式给图层着色

• 复制和改变

• 使用颜色范围进行遮盖

• 使用操控变形进行变形

　　每个人从心里都或多或少有一点喜欢"玩火"，所以用火学习混合模式是再好不过的办法了。在 Photoshop 中塑造火焰比塑造真实场景简单得多，使用混合模式控制透明度和图层间的相互作用是替代蒙版的快速有效的方法。在这个案例中，会通过用混合模式控制透明度创建出许多神奇的火焰效果。这种蒙版的替代技术，不仅能够节省大量的时间，而且能够消除挫败感。尤其是没有明确轮廓的物体如火焰，这样是很难勾勒出完美轮廓去做蒙版的。例如稀薄的烟雾，这种模糊和对比度低的区域制作蒙版会很难。相反，使用混合模式，例如滤色混合模式，黑色背景就会变透明。

　　火和烟雾最常使用这种方法，因为它们的明暗对比非常复杂，很难使用传统的蒙版来完成。像图 8.1 中火焰的图像就找到了解决视觉效果的创造性方法。完成这些步骤后可以对图像进行再设计，在设计的过程中你会发现更多属于自己的创造方法。

▶ **图8.1**　火　这个例子是用混合模式处理火、烟雾的方法演示——这只是学习的一种方法！

创作前的准备

  像火这个案例是由许多来自不同图像的小的选区构成的，将它分成两个文件更易于管理：一个是主要的合成文件，另一个是拼合元素文件，就像是图像板。还记得在第六章中创建的图像板（图 8.2，火焰图像板 .psd 文件）和合成文件（图 8.3，火焰 .psd 文件）吗？现在是使用这些文件的时候了。在 Photoshop 中打开这两个文件，准备进行合成。

  如果在第六章中没有完成这些准备工作，那么现在就花一些时间来完成。在"创建图像板"部分，你会找到下载资源文件的说明和关于准备文件的详细内容。或者直接从火焰 .psd 文件开始，在资源文件的文件夹中（第八章资源文件夹）包含有文件夹和标签的合成文件。

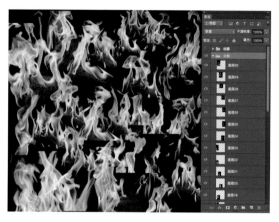

图 8.2　像这个火焰图像板就是为了便于查找而把所有的源图像都放入了一个文件夹中。

图 8.3　图层编组的文件夹中的每一个图层都要有明确的名字和颜色标注。

注意　登录 peachpit.com，输入此书书号就可以获得所有的资源文件和视频资料。注册后，注册产品的账户页面上就会出现链接的文件。

手的处理

  要先有一些元素在文件上，才能使用混合模式。最好先把手置入火焰 .psd 文件中，因为它的位置决定了作品中其他元素的位置。在开始时，试着想象下烟和火该如何使用。例如，我想让火焰看起来更大些，所以我知道烟雾的模糊和手间向上的火苗都需要一定的空间。如果你还是犹豫不决也不用担心，因为这个编辑是无损的，你可以根据作品的需要进行调整。

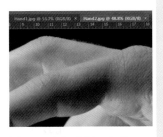

图 8.4 在把手置入合成文件之前，要先将所有手的文件以标签的形式在 Photoshop 中打开。

1. 如果不用准备文件，就在 Photoshop 中打开 Fire_Play.psd 文件。

2. 在 Adobe Bridge 中浏览手的文件，分别在 Photoshop 中打开 Hand1.jpg 和 Hand2.jpg 文件（图 8.4）。

提示 可以省去步骤 2 和步骤 3，在 Bridge 中选中图片单击右键选择置入 > Photoshop，可以将手直接置入 Photoshop 的文件中（在这个案例中是 Fire_Play.psd 文件）。这样在 Photoshop 中打开的图片就会转换为智能对象图层。如果使用这种方法的话，可以直接跳到步骤 4。

烟雾和火的拍摄

用自己拍摄的照片完成练习进步会更大。如果你乐于接受挑战，下面就是一些关于烟雾和火拍摄的技巧。

● 一定要用黑色的背景让火焰和烟雾能够对比强烈地显示出来。

● 快门速度快光圈小同样可以充足地曝光。快的快门速度可以减少运动模糊，小的光圈（记住，也就是说大的光圈值）能够捕捉到更大的景深。如果场景太暗不能同时使用，那就先使用快门速度。

● 火和烟雾分开进行拍摄。像烟，用台灯、灯泡或者太阳光进行照射，但是一定不能使背景太亮。在暗色背景下

从侧面角度拍摄火的效果最好，尤其是晚上拍摄效果最佳。

● 要想拍摄清晰的烟雾运动效果可以用香进行拍摄，另外还可以通过挥动让它产生想要的形状。

● 拍摄烟雾的时候最好使用三脚架。

图像越清晰越好。在这个案例中，除了黑色背景中的火和烟雾之外，还需要其他的一些元素。

● 在黑色背景中造就魔法的手

● 生锈的金属或其他类似的东西

● 在太阳光下流动的浅水

● 开裂的树皮

3. 将手置入火焰的合成文件中，按 V 切换到移动工具；向上拖动手的图像到火焰文件的标签，打开合成图像的窗口，不要放开，继续向下拖动并在新打开的图像中放开。第二只手重复此动作。这种方法比同时打开多个文件更加高效，另外有限的标签能够更加便于管理和操作。

4. 将每个手置入合成文件中时，要在图层面板上将它们归纳到手的文件夹中。

> 提示　文件窗口可以并排显示，还可以以其他结构进行显示，选择窗口＞排列选择不同的布局。你可以根据自己的工作习惯和显示器选择适合自己的布局。

使用混合模式去除背景

现在手后面大块的背景也被添加到了合成文件中。传统的蒙版需要将它们去除，但在这里只需要将手图层混合模式的设置更改一下就可以了。这种方法不仅能够节省大量的时间，而且还能够制作出更细致的边缘，如头发、阴影和其他很难获取边缘的元素都可以使用此方法。因为手的背景几乎是纯黑的，更换的背景也没有手亮，所以可以使用变亮混合模式为手做一个快速蒙版。

1. 在图层面板中，点击激活手 1 图层，然后从面板上面混合模式的下拉菜单中选择变亮混合模式（图 8.5）。对手 2 图层重复

此步骤，将默认的正常模式也改为变亮混合模式。

2. 从资源文件的纹理文件夹中将黑色的生锈金属 .jpg 文件置入主要的合成文件中，给背景添加生锈金属的纹理。把它放在图层栈的下面，位于黑色背景图层之上，并重新命名为背景纹理。黑色生锈的金属纹理背景与火，烟雾和手形成了对比（图 8.6）。

使用混合模式能够节省大量的时间，尤其是在这种黑色的背景下，还能够决定内容的可见性。使用这种方法就可以不用制作选

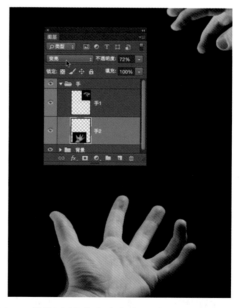

图 8.5 将混合模式改为变亮模式，通过与下面黑色背景相混合，图层原有的黑色背景就消除了。

图 8.6 变亮混合模式让手和黑色生锈的背景形成了良好的对比。

区和调整边缘。注意这种方法要求背景要暗，这样亮的部分才能通过上面的其他图层显示出来！

提示 如果发现有部分背景没有完全去除掉，那就将混合模式改回到正常模式，使用蒙版去除背景。

绘制火的草稿

　　背景和手都已经完成了，现在开始塑造火。在开始前需要先绘制一个草稿。创意是无限的，但在创意时构建一个视觉流程非常必要。用笔刷工具和渐变的外发光样式能够模拟出火光的效果，在合成文件中勾勒出大概的创意构思（图 8.7）。用类似火焰的效果勾勒草图能够让创意更加直观，然后就可以根据草图将适合火焰的元素拼合在一起——这样比毫无头绪地开始容易得多。

　　在使用画笔之前，可能需要花费一些时间在图像板中寻找灵感。我看到图像板中图

图 8.7 用外发光模拟火焰效果勾勒草稿能够让创意更加直观，这也是合成开始的第一步。

像的形状，发现能用这些创造出一个有点像恶魔的动物。总之，我希望我的火形既不规则，又很酷，能够进行塑形，就像是有手不断徘徊上下拉扯而产生的效果。也许你会有不同的创意，但构思的过程是一样的。

　　1. 在空白图层上勾勒草稿，将它拖动到图层栈的最顶端，位于其他所有元素的上面，Photoshop 将以此为参考。同时，将这个图层命名草稿。

　　2. 选择画笔工具 b，将前背景色设置为白色。

3. 添加图层样式效果能够模仿出火的发光效果。在草稿图层的缩略图上双击打开图层样式对话框，在样式列表中（左边）勾选外发光效果。

4. 勾选样式列表的外发光就会显示出样式的属性设置（图 8.8）。

这里要注意的是，默认的滤色混合模式能够更加强调出光的光晕效果。在火焰混合时使用相同的混合模式。

5. 自定义渐变颜色从橙黄色到红色，当消失到透明时会产生类似于火光的效果。在外发光的属性设置中，将扩展设置为8%，大小设置为 76 像素，然后点击渐变打开渐变编辑器（图 8.9）。

6. 在渐变编辑器中，点击左下角的颜色色标将颜色调整为火热的黄色，点击右下角的颜色色标将颜色调整为红色。你可以根据图 8.9 调整渐变颜色。点击确定关闭渐变编辑器，再点击确定关闭图层样式对话框。

7. 使用白色的画笔绘制火焰，渐变的外发光效果能够模仿出无火心的火焰效果。在绘制草稿时我会多绘制出几个版本，但都不会过于细化。舍弃掉细节以后，就能够把精力更加集中在火焰的形态上。

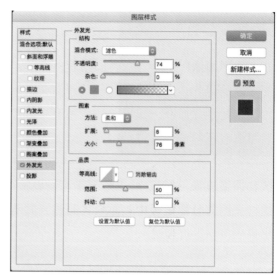

图 8.8 必须勾选外发光的选框，选择外发光选项才能打开外发光效果的属性设置。

图 8.9 在渐变栏下改变两个色块创建自定义渐变样式。

选择火焰

回到图像板中，有很多燃烧着的火焰。寻找一些能够拼合成火龙形象的碎片，尤其是那些能够以有趣的方式进行相互拼合的小碎片，如两个扭曲在一起的火焰或者有波动曲线的一缕火焰。这些碎片可以以不同的形式进行组合（有时可能会图层叠用），可以尝试着翻转、缩放、扭曲、操控变形和旋转，直到组合成适宜的形状为止。拼合图像就像是搭积木，重要的不是碎片元素本身，而是如何进行组合。因为从图像板中调取样本，这个过程是无损的，所以你可以尽可能多地进行尝试。

单独显示

有时所有图层都可见会便于元素的寻找，而有时单独图层可见会便于元素的寻找。所谓的单独显示，就是只显示一个图层的内容，在合成的过程中这种方法很便捷。现在就选择第一个火焰图层试试看。

1. 打开图像板文件，火焰图像板 .psd。默认情况下，在最后保存时每一个图层的可见性是一样的，很多时候是所有的图层都可见。不用担心，现在你不必为了单独查看个别图层的效果而手动关闭各个图层的可见性（逐一关闭各个图层麻烦而烦琐）。

2. 例如图层 25，单独显示此图层，只需要按住 Alt/Opt 键点击此图层的可见性图标（眼睛图标 👁 ）即可。现在就只有当前的图层可见，其他图层都不可见了。按住 Alt/Opt 键再点击一次此图层的眼睛图标，即还原其他图层的可见性。

如果在单独显示一个图层后，又更改了其他图层的可见性，这时按 Alt/Opt 键点击切换就不可用了。在这种情况下只能单独点击每一个图层的可见性，让其可见。所以，当图层单独显示的时候，记住在操作其他图层之前用同样的方式先让其整体还原。

3. 在火焰的图层上，用矩形选框工具（M）将要使用的火焰画出选区。例如，试着像图 8.10 中显示的那样在图层 25 中截取选区内容，这部分看上去有点像某类东西的颅骨。（当然，如果你有其他创意的话，也可以选择其他图层。）

为了让无缝拼接的效果更好，要尽量留出充足的空间。除了使用滤色混合模式外，通常还会在蒙版上使用柔边的笔刷消除虚假的边缘，所以还需要留出羽化边缘的空间。根据火焰渐变的效果模仿出这种过渡，仔细观察火焰边缘的柔光，在模仿这种羽化效果时要给选区留有足够的空间。

4. 在复制前，检查选择的图层是否正确（我们时常在这个上面出错）。复制选区（Ctrl/Cmd+C），然后移到合成的图像标签上再进行粘贴（Ctrl/Cmd+V）。

5. 将粘贴好的图层（在本例中是头骨的形状）拖动到火文件夹中，然后使用移动工具（V）将火的图像移动到合适的位置（图 8.11）。

> 提示　将草图的不透明度降低，可以看到多个图层，这样比较容易使用各种形状的火焰拼合成草图的形状。

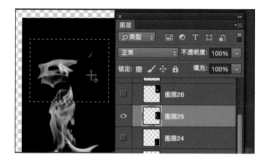

图 8.10　这块火焰效果可以作为火龙的头。

图 8.11　使用移动工具将第一个火的截取区域放置在草图上。

蒙版和混合模式

确定好火焰的位置，下一步就可以进行无缝拼接了。只需两步：更改混合模式和创建蒙版。

1. 在图层面板顶部的下拉菜单中，将第一个火的图层（和后面所有火的图层）的混合模式由默认的正常模式更改为滤色混合模式。

在第三章中讲过，滤色混合模式能够让光穿透图层，暗部区域（像这个背景）会变得透明。对于火来说使用滤色混合模式是再合适不过的了，因为我们只想让发光的火焰可见，而让其他的黑色像素变得透明（图8.12）。

图8.12 滤色混合模式能够让光穿透，黑色的部分变得透明。

滤色混合模式、变亮混合模式、正片叠底混合模式和叠加混合模式的使用

混合模式就像是一盒巧克力。对它一无所知时，无法进行猜测。但当你知道它的形状和样子时，就比较容易猜测了。在图层合成时一些混合模式不能很容易地预测出混合后的效果，但是当你对它们有所了解后就容易多了。

在以下情况下使用变亮混合模式。

● 可见部分比背景亮，图层位置位于背景图层之上，并且背景颜色非常暗。

● 黑色背景不可见，亮部完全可见。

● 黑色的部分很难用蒙版去掉，或者没有时间使用蒙版时。

在以下情况下使用滤色混合模式。

● 需要渐变的效果而不是变暗的透明效果，就像这个例子中的火。

● 和其他亮的图层混合出更亮的效果。

在以下情况下使用正片叠底混合模式。

● 想让暗部有纹理的质感，例如浸进去的污点。

● 可以同时看到两个图层叠加的效果，但只有暗部可以看到，如擦痕、油浸、阴影或者其他具有暗色纹理的效果。

在以下情况下使用叠加混合模式。

● 当既想要正片叠底的混合效果又想要滤色的混合效果时，就使用叠加混合模式，图层中的暗部会变得更暗、亮部会变得更亮。

● 使用黑白画笔可以在这个模式的图层上进行减淡和加深的无损编辑。

● 在着色或自定义照片滤镜时，可以用图层的透明度进行控制。

复制并旋转火

图 8.13 复制火焰很有趣,但也很麻烦,因为有时它是难以控制的,看起来很假。用变形和蒙版能有效地进行调节。

2. 为了将火不需要的部分去除掉,点击添加蒙版图标■添加蒙版,用黑色画笔直接在火不需要部分的蒙版上涂画。我用的是默认的圆头柔边(硬度为 0)画笔,它能够模仿出火焰光滑的渐变效果,随着画笔的移动塑造出火的形状。不要调整硬度,而要调整画笔大小模仿出火的渐变效果。

在蒙版上进行遮盖时,涂画的颜色一定是黑色,不透明度为 100%;否则想要遮盖的部分不会被遮盖住,而且还会出现脏兮兮的效果。如果透明度设置为 90% 的话,不需要的火焰部分看起来好像已经被遮盖住了,但是实际上还有轻微的 10% 的部分没有被遮盖住。尽管这有点微不足道,但它最后会成为污点并影响到其他图层。不要给自己添加层层查找删除污点的麻烦,透明度和流量都为 100% 就可以避免此问题的发生。

复制和变形

当发现可使用的火焰时,复制出来一个作为备用。使用移动工具(V),按住 Alt/Opt 键拖动想要复制的火的图层。无论将这个图层拖动到哪个位置,Photoshop 都会复制出一个单独的图层。当需要更多火焰或塑造形状时,这种方法非常有效(图 8.13)。在合成时,可以将原图层隐藏,在复制出的新图层上进行修改。想象一下乐高玩具:所有部分都非常相似,但是它们组合到一起的时候就变得完全不同。为了更好地进行拼合,可在上面添加各种旋转、缩放和蒙版。

如果复制的是已用过的火焰,为了让无缝衔接的效果更好,一定要进行再次调整。用移动工具(V)对这个图层进行变形，试着缩放、旋转和翻转图像以得到最好的效果。火焰重复的地方可能会比较明显，用画笔工具 B 在复制的图层上将这个部分遮盖，以让它更好地和其他的火焰进行融合。添加的图层越多，重复的部分就越不明显。

图 8.14 选择长火焰进行操控练习，例如图片火 007.jpg。

> 提示　在选项栏中将显示变换控件选框勾选，移动工具会被隐藏。详情请参阅第二章，在使用移动工具时可以找到这个选项。

记住，不要缩放得过大。如果不小心缩放过大，会让火焰看起来像是火灾。因此，尽量在同比例上进行改变。

火焰的操控变形

用操控变形工具编辑图层能够有效地对火焰进行调节。使用操控变形工具能够细致精确地调整形状，并能够让火焰产生完美的曲线。

不要把操控变形理解为是提线木偶，而最好理解为是一种带有弹性的材料。当选择操控变形工具时，图层就会像覆盖了一个网，这个网的质地就像是一种柔软的、有弹性的、弹性纤维类的材料。在这个网上，你可以对有图钉的地方进行随意的拉伸，扭曲和移动。操控变形的主要功能也是其主要缺陷：在弯曲和扭曲时会连同像素一起进行弯曲和扭曲（包括背景）。所以要复制对象，将它从背景中分离，因为背景不需要被网覆盖，也不需要被改变。为了加强对操控变形工具的理解，试着用它对火焰进行变形。

1. 从图像板中复制一个长火焰，例如火 007.jpg，将它的混合模式更改为滤色混合模式。将这个图像放置到火的文件夹中或者一边，以便后续使用（图 8.14）。

我一般都会将其他火焰图层的可见性关闭，不过这根据个人喜好而定。

2. 复制此图层（Ctrl/Cmd+J），再回到原状态，点击原图层的眼睛图标关闭它的可见性。

3. 在使用操控变形时，最好先将火焰的背景去除掉，让网只覆盖在火焰上。然后创建一个蒙版（使用添加蒙版按钮 ），在蒙版上双击打开蒙版属性面板。

4. 点击颜色范围按钮（图 8.15），在对话框中勾选反相。点击火焰边上的黑色背景，将颜色容差设为 100。这样就会将所有近似于黑色的区块都归入背景的蒙版中。剩下的部分就是要创建操控变形网的区域，尽可能地将无关的区域去除掉。使用颜色范围选择完成后单击"确定"按钮。

图 8.15　颜色范围能够根据图层中的颜色选择进行遮盖。在这个案例中，是所有的黑色背景。

操控变形技巧

操控变形的功能有点像可扭曲的液化效果。它具备弹性面料的性能，而且还有其他的功能。记住下面这些技巧能够提升作品的品质。

● 对对象使用操练变形时，要让其边缘平滑，并且能够在中间区域添加图钉。在外侧添加的图钉，会向外拉伸边缘而不仅仅是通常的弯曲变形。

● 选中图钉按删除键删除，如果图钉太多可以使用此方法。

● 按下 Alt/Opt 键可以删除选中的图钉（类似删除键），也可以在图钉外部单击变成旋转图钉（而不是移动）。注意，此时光标变成了旋转图标。

● 在选项栏中能够对网格进行调节，既可以在选项栏中增加网格的密度（有助于精度的调整），也可以更改网格的模式和网格对图钉移动的反应（就像是由皮带切换成水球的效果），还可以扩展或者收缩网格边缘（使用扩展滑块）。

5. 将火焰中不需要扭曲的部分遮盖住，只保留长的伸展部分和火焰的头部（图 8.16）。

6. 使用智能滤镜进行操控变形，可以进行无损的扭曲变形，需要做的就是将火焰的图层转换为智能对象。选择滤镜 > 转换为智能滤镜，现在就可以回到原始状态进行再次扭曲。

7. 选择编辑 > 操控变形对火焰使用可控网格（图 8.17）。如果没有显示网格，检查下选项栏中的显示网格框是否勾选。

网格牵连着每一个像素的拉伸和移动。拉动时图钉点区域的拉力最大，离图钉点区域越远的拉力越弱。

8. 沿着火焰均匀分布的网格内部点击添加图钉。新添加的点是用来操控的点。

9. 点击拖动图钉对火焰进行操控（图 8.18）。在 Photoshop 中也是一样，少即是多。做任何事情都不要太极端，适中地调整才能获得最好的效果。

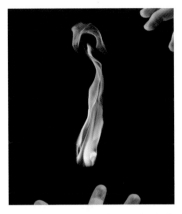

图 8.16　将不需要变形的部分遮盖住。

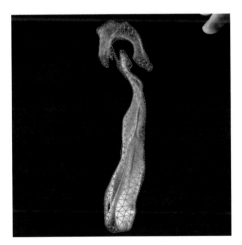

图 8.17　操控变形网格显示出了图层张力的分布情况。

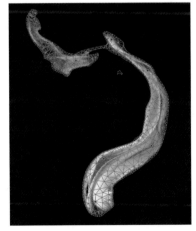

图 8.18　操控图钉是用来控制网格变形的控制点。

火的塑形

继续置入其他的火焰图层，就像雕刻一样，使用对象自然的倾斜方向构建创意。火的形式很多，有流线型的，也有复杂的运动和扭曲的，还有漂亮的其他形式，可使用它们进行创造。然而变形得太过会显得假，而且还会破坏它的美感，所以要在火焰自然移动的方向上灵活地调整。例如，我想象的龙头和我的创意草稿中龙头不太一样，但是有一小块火的扭曲有点像下颌线。我就这样直接使用了，其他的火焰构成了牙，然后一些像鬃毛的火焰正好适合放在脖子的位置（图8.19）。总之，根据直觉进行拼合，但不要太过！

这听起来好像很复杂很难，但是当你把这些火焰放在一起时，就会发现实际上很简单。当你在塑形时请把以下这些技巧牢记于心。

- 时刻观察塑造出的形状，寻找能够补充边缘的部分。内部填充的内容浓度不需要都相同，让火焰本身去塑造形态（图8.20）。
- 如果火苗只向着一个方向，看一下是否能够继续用另外一个边缘综合火苗的方向。这个方法能够很好地中和火焰闪烁的方向性，不会让它看起来波动太大。
- 一层层增加的火焰图层不仅仅能够增加密度还能够创造出3D的效果（相对于扁平的形状而言），能够模拟出更好的层次感。

图8.19 从抽象的形状中抽取火焰，在很大程度上取决于火焰的自然方向和包含的形态（或者至少要有一些可用的部分）。

图8.20 注意边缘，还要让火焰自己构建出内部的质感和纹理。

- 火焰中的黄色不会在黑色中完全消失，因为这样会让黄色看起来有点脏脏的感觉，尤其在数码处理时。所以试着不要遮盖火焰中亮黄色的部分——我们的眼睛能够分辨它的不同，而应该尽可能地遮盖红色和橙色的部分（否则你不得不对边缘颜色做一些调整）。

- 为了创造出更强大的效果，要对图层进行准确复制。用 Ctrl/Cmd+J 复制图层，增加图层的发光效果。使用滤色混合模式（如果原图层使用这个混合模式，那么复制的图层也会默认为这个混合模式），这样能够增强光亮感，让火焰效果更加凸显，但颜色和渐变不会显得很不自然。

在创作时，我会快速地勾勒出形状，让形象更加简练。太沉迷于细节的话，可能最后也很难绘制出想要的结果。

烟和手的混合

手中的火已经完成了，现在要在手中添加一些烟。火焰中的烟是从手和手指中升起的，而不是从火中升起的。处理烟的图像和处理火焰的图像类似，只是稍微简单了一点点，因为它们可以更随意些。另外，因为烟是在黑色背景下拍摄的，所以可以用处理火的方法再次使用滤色混合模式去除背景并添加蒙版（图 8.21）。

1. 打开图像板文件——火焰图像板.psd。如果火焰可见，点击火文件夹的眼睛图标将其不可见，而让烟的文件夹可见。可以根据"单独显示"中所讲解的方法，将烟的图层单独地显示出来以进行修改和调整。

2. 用矩形选框工具（M）选择所喜欢的烟的部分，将它从图像板中剪切（Ctrl/Cmd+X）下来。粘贴（Ctrl/Cmd+C）到创作的文件中，就像在火的部分操作的一样，使用移动工具（V）进行定位。（不要忘了将这个图层放到图层面板的烟的文件夹中。）

在原来火焰的基础上，我想让烟从手臂和手上升起，给图像和主题多添加一点神秘感。我发现了一些适合画面和手的位置

图 8.21 烟的处理方法和火一样，同样使用滤色混合模式，但还需要配合缩放和模糊滤镜以增加整个图像的深度。

的卷曲形态的烟，尤其是 Smoke011.jpg 和 Smoke013.jpg 可以放在手的下边并作为左边边缘。

3. 同"蒙版和混合模式"中对火的图层的操作一样，从图层面板的顶部下拉菜单中将新的烟图层的混合模式改为滤色混合模式，去除背景。

4. 再一次同对火的操作一样，将不需要的部分遮盖住。为了实现更加完美的遮盖效果，在蒙版上沿着烟雾的方向用纹理画笔进行涂画（图 8.22）。这对那些使用半透明元素进行混合的合成尤其重要。

如果画笔的方向与烟的方向相反，那么效果看起来会非常不自然。烟比火粘连的部分更多，因此为了让它们看起来更加真实需要小心处理。

给烟增加层次感

仅是手和火焰，画面会显得比较单调（图 8.23）。相比较而言，层次丰富的图像会使人有一种身临其境的感觉（所谓的主观视角）。通过烟的拼合能为图像创造出更多的层次感。可以用缩放的方式模拟透视角度（越接近主体，看起来越大）以增强空间感，并且也可以有意地创造出空间的模糊感以模拟出由于景深而产生的对焦和失焦的效果。现在，应该已经完全掌握了移动工具的变形功

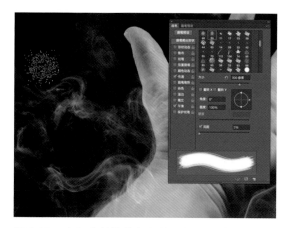

图 8.22 在烟遮盖的蒙版上使用纹理画笔，要随着烟雾的方向从外往里涂画。

图 8.23 未添加烟效果的图像看起来比较扁平，缺少层次感；给图像添加一些接近前景色的颜色能够为图像增加层次感，例如模糊的烟雾效果。

能。尝试着使用滤镜，用模糊的方法模仿出深度的层次感。

1. 找一些长条状垂直向上的烟，将它们放大直到和观者的视线持平。（在这部分中，我使用的是 Smoke011.jpg 这个图层。）这就造就出了更大的想象空间，烟源源不断地从框架中冒出，好像我们正在从一个窗口中窥视，而看到了这个大的场景（图 8.24）。使用移动工具，勾选选项栏中的变形控件框。按住 Shift 键，在变形时拖动一个角的变形手柄能够等比例地进行缩放。

> 提示 在模糊前将图层转换为智能对象，这样大多数的滤镜都可以进行无损编辑了。在图层的名称上单击右键，从快捷菜单中选择转换为智能对象。这样就可以使用智能滤镜了，可以随时打开和关闭智能滤镜的效果。但有个别的模糊滤镜无法使用智能滤镜，例如镜头模糊滤镜就无法使用。

2. 镜头模糊滤镜主要在于缩放的变化。激活一个烟的图层，从主菜单中选择滤镜 > 模糊 > 镜头模糊。这个模糊使用了一种特殊的扭曲方式，有点类似于照相机镜头大光圈下自然景深模糊的效果。

3. 使用这些设置可获得满意的模糊效果。向左移动模糊半径的滑块，模糊减弱，向右模糊增强。半径为 72 像素时烟的效果看起来清晰可见，而不是失焦的效果（图 8.25）。在等待效果预览时要有耐心，因为

图 8.24 将烟的图层放大能够增加空间感，好像它们与我们的距离更近，而不仅仅是局限在一个平面上。

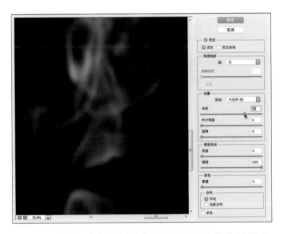

图 8.25 模糊半径能够为近处的烟创造出浅景深的效果。

电脑需要一些时间根据要求为这个滤镜进行计算。

> 提示 对其他烟的图层使用同样的滤镜和设置，只需要选择好新的图层按 Ctrl/Cmd+F 快捷键即可。除了可以节省时间外，还保证了滤镜设置的一致性，从而能够获得更好的统一。

增强混合纹理

第一个火焰的效果总觉得还没有完成、不够完整，原因可能是手部分的纹理太单一。纹理和混合模式的组合应用能够让效果提高到另一个层次，并创造出更棒的合成效果。在这个案例中使用的是裂纹和脱落的纹理。具体来说，树皮纹理使用正片叠底混合模式能够增强黑色的部分，使得烟看起来像是从烧焦的手和前臂的底部冒出来一样（图8.26）。为了能够得到最好的合成效果，最好多尝试一些纹理和模式，观察模式下的变化效果，找到最适合的。现在可以用火焰的混合进行练习。

1. 从本章资源文件的其他纹理文件夹中复制树皮纹理，再将它粘贴到合成文件中。我选择的是树皮 .jpg 文件。

2. 在图层面板中选择树皮图层，将图层的透明度更改为 50%，将纹理覆盖在前臂

图 8.26　使用正片叠底混合模式能够让树皮纹理创造出惊奇的手臂断裂效果。

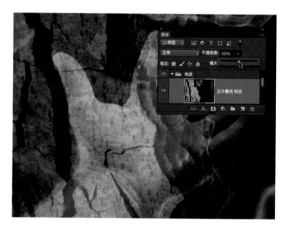

图 8.27　将图层的透明度更改为 50% 能够更好地进行准确的定位。

较低的位置（图 8.27）。降低树皮的透明度能够清楚地看清所有的图层，易于定位。当定位完成时，一定要记得将图层的透明度还原到 100%。

3. 从图层面板顶部的下拉菜单中，将默认的正常混合模式更改为正片叠底混合模式，能够实现图 8.26 所示的效果。

我喜欢现在的效果，但是不同的混合模式会产生不同的效果，同样也很棒。现在试试其他的混合模式。

4. 在下拉菜单中选择颜色加深混合模式（在正片叠底混合模式的后面），注意观察前臂效果的变化。按向下箭头键选择下一个混合模式（线性加深），图像会发生相应的改变。

可以继续使用向下箭头键循环地比较每一个混合模式的效果（图 8.28），按向上箭头键向上循环。我通常都会快速地浏览一遍，然后花费一些时间在其中进行选择。

5. 对上面的手重复步骤 1 和步骤 2。（水的文件同样在其他纹理文件夹中。）将水的混合模式更改为叠加，在增加亮的元素的同时还能够使暗的地方更暗，基本上就像是减淡和加深的效果。这个效果能够展示出魔法的理念，与另外一只附有树皮纹理的手形成很好的对比（图 8.29）。

> 提示 不要忘记对不需要纹理效果的部分进行遮盖。纹理边界更易破坏合成效果。当然，还要记得清除在操作过程中产生的杂点。

图 8.28 循环混合模式是寻找最佳效果的最简单的方法。选择好一个混合模式，然后按上下箭头键在菜单中进行选择。

图 8.29 混合模式设置为叠加的水纹理，能够让手显示出独特的效果。

着色

元素和纹理都已经完成了，现在开始调整颜色冷暖的平衡。你可能已经注意到除了火以外，任何颜色都缺乏强烈的色彩效果，尤其是灰色的烟。看起来很奇怪，不是吗（图8.30）？

图8.30 这张图像缺乏凝聚感，但它不是颜色混合模式图层，使用冷暖颜色也无法修复。

例如火作为一个光源，散发出温暖的光芒，围绕着它的所有颗粒像烟、手和其他能够反射的表面都应该反射出暖光。这种反射能够为一部分图像创造出连续性和凝聚力，没有反射光的图像元素会产生一种分离感。

另外为图像的各个部分添加了暖色，能够增强图像的对比，在这个案例中使用这种方法增强了冷暖的对比。这样的冷暖对比能够更好地增强空间的维度，因为从视觉上来讲，暖色会显得靠前、冷色会显得后退。（艺术家汉斯·霍夫曼可能对这个题材毫无兴趣，但是他绝对会喜欢隐藏在主题后面的这个理论！）在进行颜色平衡时，可以使用下面的这些步骤。

1. 在主要的合成文件中，添加一个新的空白图层，将它放入效果文件夹中。将会用它去控制暖色，所以双击默认的名称将它标注为暖色。

2. 在图层面板的下拉菜单中，将暖色图层的混合模式更改为颜色。现在这个图层上所画的任何颜色都将作为着色使用。

3. 使用吸管工具从火的图像上吸取暖色，黄橙色比较适宜（图8.31）。

4. 现在可以开始绘制了！但是下笔不要太重。相反，应该先用低透明度（先从10%以下）半径为 800 像素（一般着色开始时都用大的笔刷）的柔边笔刷。只是为了实现效果，所以不需要所有的地方都着色。在下面的图上可以看到，我更多地是在靠近烟、手和前臂的位置进行着色（图8.32）。

提示 当在着色的时候，先不要去理会透明度。如果着色太强烈，可以将整个图层的透明度降低。有时我使用这个方法是为了调节平衡。我一般都是先画好，再用图层透明度进行调节直到满意为止。

5. 创建第二个新图层，命名为冷色，然后将它的混合模式再次改为颜色。在图层面板上，将冷色这个图层拖曳到暖色图层之上。如果想要显示出冷色调的话，必须将它放置在暖色图层之上，因为设置为颜色混合模式的图层会取代位于它之下的所有颜色。我一般会先做暖色，因为它是主要色调。冷色是为了增加对比效果，饱和度不会增加。

6. 从色板中选择饱和的蓝色开始着色（如果找不到色板，从窗口菜单中打开）。在画的时候要尽可能谨慎，目的是给火的暖色添加足够的对比。我把重点放在了上面手的后面区域和火光周围区域。

图 8.31 吸管能够吸取颜色样本，就像从火焰中吸取的一样十分方便。

图 8.32 在画冷暖色时要注意场景中冷暖色的来源。

曲线调节色调

最后的阶段是关于细节的调整。在这个案例中，主要是对明暗度进行精细的调整。通过这些调整，也能够调节整个作品的气氛。调节色调和对比度的最好方法就是使用曲线调整图层。当你想要暗的地方更暗一些，亮的地方更亮一些时，在原有数值的基础上Photoshop 会根据曲线按照比例调整剩余的数值。同时，它还可以自定义地进行调整。

我想要火焰有一种神奇的真实的黑暗的气氛。尽管手看起来毫无生气，场景的很多地方仍然看起来有点过亮，手的对比也不够。如你所见，添加曲线调整能够进行有效的调节。

1. 使用调整面板创建一个新的曲线调整图层，将它直接放在手图层的上面（图 8.33）。

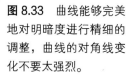

图 8.33 曲线能够完美地对明暗度进行精细的调整，曲线的对角线变化不要太强烈。

2. 默认情况下，调整图层都会对它以下的全部内容产生影响，所以按 Ctrl/Cmd+Shift+G 快捷键将调整图层剪贴给手。或者，按住 Alt/Opt 键点击图层下的线或点击调整属性面板下方的剪切图标█进行剪贴。

3. 在调整属性面板上沿着曲线的对角线添加两个新点（沿着线点击可以添加控制点），能够增强对比度。

4. 选择曲线最下面的控制点（它会变成实心的黑色块），使用向下箭头一点一点地移动。选择最上面的控制点，使用向上箭头一点一点地移动，让暗部更暗、亮部更亮。相比较于其他的调整方法，使用曲线调整图层能够进行微妙的调整。关于曲线的使用，请参照第四章的调整图层部分。

5. 当你调整好了对比度，按 Ctrl/Cmd+J 快捷键复制调整图层，将它放置在另一个手的图层上，然后像步骤 2 中所做的那样将它剪贴给手。现在，两只手的图层有了同样的效果。

6. 最后给整个作品添加一个调整图层，将新的曲线调整图层放在效果文件夹之上，并命名为全局曲线。使用这个图层进行最后的对比调整，让亮的更亮一些或让暗的更暗一些。在火焰的图像中，已经稍微将画面提亮了一些。一般情况下，用最终的曲线调整图层做最后明暗和对比的效果。同样使用步骤 3 中的方法，但是还有很多需要进行细微的调整——可能这对很多人来说微不足道，然而效果却很明显。

警告　不要将曲线塑造成S型，曲线上不要出现双峰，保持曲线以某种方式向上延伸。如果是双峰曲线的话，Photoshop 就会对数值进行翻转。也就是说，从效果上来看，一些亮的地方会变得比暗的地方更暗——千万别这样做。

叠加混合模式的减淡和加深

虽然曲线能够提高画面的亮度，但是在最后做润色时还是需要使用混合模式。具体来讲，将一个新的图层设置为叠加混合模式进行减淡和加深，就相当于变亮和变暗。优点是这个操作是无损的，使用叠加混合模式进行最后明暗的调整是非常明智的选择。

有时即使在曲线调整后，有些局部区域还是显得有点平，所以我使用叠加混合模式的图层去弥补这些缺陷。要注意适度，如果开始发现有光晕或一些很奇怪的东西，那就退回去再来，也许是新的图层和不用的旧图层做了叠加（图 8.34）。为了使画面平衡，我喜欢在降低图层的透明度之前就进行精细的调整。因为减淡和加深只是在它们自己的图层上，你可以随时返回或通过图层的透明度增强或减弱效果，也可以使用火的文件进行练习。

提示　直到所有元素的布局都确定后再进行最后的调整，因为这些调整不像之前那样是在每个单独图层上进行的。因为它们位于上面的文件中，在所有其他文件夹之上，所以它们作用于整个画面。

1. 创建一个新的图层，将它命名为减淡和加深，并放置在图层面板的效果文件夹中，位于全局曲线图层之上，做最后的全局

图 8.34　在叠加混合模式的图层上可以进行无损的减淡和加深的编辑，但是记住要微妙地进行调整。

调整。

2. 将这个新图层的混合模式设置为叠加混合模式，从图层面板的下拉菜单中进行选择。

3. 在减淡和加深图层上用 6% 透明度的白色增加火魔的厚度，现在看起来好像有点太薄了、太透明了。在我的火焰创意中，脖子和头部周围尤其重要。将这些区域提亮，能够更好地展示出我想要的效果。

4. 使用相同的方法在手指和手掌上做出一些高光。火靠得越近，这些部分就越亮。另外，亮的这些区域能够让视线更集中在火

焰形成的生物上。

　　5. 使用同样的方法将火焰和手指提亮（减淡），将手腕的阴影加黑（加深）。在减淡和加深的图层上，使用低透明度的黑色和白色分别进行加深和减淡（图8.35）。

　　如果想要分开调整冷暖色调，也可为加深创建一个新的图层。但是，要记得将新图层的混合模式设置为叠加混合模式。

小结

　　在这个练习中使用的混合模式有变亮、滤色、正片叠底、颜色和叠加。这些工具除了能够创造出火魔之外，还能够创造出数以千计的创意作品来！无论你是想去除黑色背景，还是改变天空的颜色，还是提高物体的亮度，抑或是想用纹理增强物体的沧桑感，这些工具都可以实现。当你在创作中遇到瓶颈时，试着去为你的作品效果定位，试一下改变混合模式是否可行。关于混合模式更多的创意使用请看第九章、第十章和第十二章。同时，如果你愿意分享你的火焰作品，请把它发送到书的 flickr 页面：www.flickr.com/groups/ amc_compositing_photoshop

图 8.35 在减淡和加深图层上进行编辑会对整个画面产生影响，因为它们位于效果文件夹中，而效果文件夹在其他所有文件夹的上面。

第九章

塑造氛围，制作沙粒和破损效果

本章内容:

- 使用自适应广角滤镜修复扭曲变形
- 环境透视
- 调整对象和头发选区的边缘
- 调整颜色和光线
- 腐朽的纹理效果
- 破损的建筑
- 分离景深
- 创建光线

生活即使再混乱，我们也须面对！有时在创作中也需要如此，尤其是在面对一些糟糕的场景时。使用滤镜、纹理、氛围和毛发选区能够将干净的城市转换成衰败的景象。在这本书的后面，你不仅可以学到使用自适应广角滤镜修复扭曲的背景，而且还可以学到使用纹理、布景、氛围、颜色、光线和拆除建筑物构建出场景的时代感和氛围。在再造《自然法则》的过程中（图9.1），会涉及工作室摄影的所有过程，以及在新的时代街区上种花的方法。

整合资源

看上去复杂的合成作品并不总是由很多图像组合而成的，第六章的《自然法则》只有六个主要的图层。打开在第六章创建的《自然法则》的合成文件，回忆一下。如果在"使用标签"的部分没有创建合成文件，那就到第六章花一些时间现在完成它。或者你也可以跳过此步骤直接使用第九章资源文件夹中的 Nature_Rules_Jump-Start_File.psd 文件。无论是哪种方法，都要注意清除杂点。

▶ **图9.1** 你可能很难进入《自然法则》世界末日的剧情中，但是有一把剑就可以很容易了——一定要做好毛发选区。该作品由五个核心图像构成:草地、模特、城市、山和一些云。

注意　登录 peachpit.com，输入此书书号就可以获得所有的资源文件和视频资料。注册后，注册产品的账户页面上就会出现链接的文件。

使用自适应广角滤镜进行修正

所需的素材已经准备完毕：已经为拼合找到了完美的背景位置，拍摄好了广角图像。现在就可以坐下来等待编辑了。等一下，当忙于观察真实场景时镜头就不能够自己进行编辑吗？图 9.2 的透视就发生了变形，这是很常见的现象。但是使用自适应广角滤镜，就可以很好地进行修正。随着 Adobe Photoshop CS6 版本的更新，增加了可以修复镜头变形的自适应广角滤镜。自适应广角滤镜在滤镜菜单中，它能够修复摄影时产生的角度透视的变形。在使用蒙版前，一定要构建出基本的画面效果以便进行进一步的细节调整，这也就意味着为了能够和其他图像进行拼合，图像不能发生变形。例如我在拍摄图 9.2 加拿大蒙特利尔的城市风景时，使用的是 18mm 的镜头；用广角镜头拍摄建筑物时，建筑物的边缘会弯曲变形。模特没有发生变形，但是在拼合前必须对城市进行调整——这是练习自适应广角滤镜的最佳机会！

图 9.2　用广角镜头拍摄的蒙特利尔的城市景观透视角度变得扭曲和夸张，需要对透视角度进行调整，以便与其他的照片更好地进行拼合。

提示　如果你使用的是旧版本的 Photoshop，是没有自适应广角滤镜的，那就尝试着使用其他的方法，例如使用类似的滤镜或者镜头校正滤镜。旧版本的在滤镜 > 扭曲的菜单中。

1. 用自己喜欢的方法打开第九章资源文件夹，然后在城市文件夹中找到 City.jpg 文件，并用 Photoshop 将它放入 Nature_rules.psd 的文件中。记住要把它放到命名为主要城市的文件夹中，这个文件中包含了所有城市的图层和调整后的城市效果。

2. 选择城市图层，按 Ctrl/Cmd+J 快捷键进行复制。它会产生一个全新的副本，如果无法复制的话（经常有此情况发生），你需要将图层栅格化才能进行像素的编辑。

3. 为了能让设计的流程保存无损编辑的状态，可以使用自适应广角滤镜的智能滤镜，从而随时进行调整了。首先选择滤镜 > 转化为智能滤镜，将城市图层转化为智能对象（图 9.3）；然后选择滤镜 > 自适应广角滤镜，打开滤镜的编辑窗口。在这里有一些非常好用的能够校正广角镜头和透视变形的工具（图 9.4）。

4. 不用鱼眼默认的校正设置也可以模仿出同样的效果。对城市图层的调整不必和我的完全一样，但可以试着去将焦距调整到 80.6，裁剪因子调整到 0.67（焦距为 18mm 裁剪因子为 3.11 产生的效果和焦距为 80.6 裁剪因子为 0.67 非常相似。）即使这些是使用广角镜头拍摄的照片，也会产生更加完美的效果，因为它不是对变形进行挤压和修补，而是手动地根据视觉进行调整。

图 9.3　智能对象和它们的智能滤镜都可以无限地进行调整，而不会影响图像质量。

图 9.4　自适应广角滤镜也可以手动调整边缘的角度。

每个照片的设置都不一样，所以最好的办法就是手动进行调整直到接近真实的状态。下一步就可以修复角度和边缘

图 9.5 沿着边缘点击两个远距离点，能够使边缘垂直。

曲线了。

注意　如果图像之前没有被编辑过，在使用自适应广角滤镜时，Photoshop 会在左边下方显示出相机和镜头的详细信息。经过多次可以找到更好的自动修正的方法。

5. 让图像的边缘对齐垂直，先点击约束工具（左上角的图标）。在大的图像区域，用约束工具沿着想要垂直的边缘画一条线。当添加线时，会注意到它随着建筑边缘的曲线进行了弯曲（很酷是吧？），每一根线对图像都实时地进行了调整。

我一开始使用的是外部边缘，因为这样的调整会让整个画面进行旋转和缩放。用固定的线调整旋转能够更好地对变形进行修正（在步骤 6 中会进行详尽的说明）。沿着水平和垂直的边缘另外添加五根线，对剩下的边缘进行调整。

6. 点击选中线并进行旋转，注意小圆圈的出现。通过拖动这些旋转定位点（和移动工具的旋转一样），能够改变垂直边缘的角度，可以使图像沿着线以精确的角度进行旋转（图 9.6a 和图 9.6b）。例如，向内倾斜地调整角度能够使图像变得垂直。

同上，将全部的七根线点击拖动旋转节点进行调整。在适量的调整后，还保留了一点点的透视角度，以便使这个建筑看起来更高大——甚至有一点歪斜以凸显高大的效果。这一般都是主观选择，所以旋转直到满意为止。在这个案例中，我旋转的幅度非常小，没有过度扭曲图像。

> 提示　当拖动旋转节点的时候，按住 Shift 键会以每次 15 度增加或者直接旋转到 90 度。对于那些想要直上直下的旋转这种方法十分实用但是从视觉的角度而言并不是十分有效。

7. 当调整到满意的效果时，点击"确定"退出对话框。在图层面板上，注意已经转化为智能对象的城市图层。现在有一个相关联的智能滤镜了（独立蒙版），你可以通过启动和禁用观察前后的变化（图 9.7）。

给城市添加蒙版

在自然法则的这个作品中，只需要将城市图层上的建筑拉直即可。给城市建立蒙版，首先快速地给天空制作选区；渐变的蓝色，比较易于选择。然后将选区反向，选区就转化为了建筑选区——这样比手动选择建筑简单得多。最后在创建蒙版之前，使用调整边缘微调选区。

1. 使用快速选择工具（W）![brush]从最上面开始绘制天空的选区，以你喜欢的方式向下和四周涂画直到整个天空都被虚线所包围。

2. 按住 Ctrl+Shift+I 快捷键将选区反

a　　　　　　　　b

图 9.6　很明显 a 中的建筑需要进行矫正。当调整好线的角度时，PhotoShop 会根据准确的角度进行旋转 b。

图 9.7　智能对象能够使智能滤镜更好地进行无损编辑。可以随时使用、更改或者删除智能滤镜。

向给建筑，或者单击右键从快捷菜单中选择反向。现在就可以使用蒙版了，只有建筑的部分可见。

3. 将选区中间暗色的低矮的摩天大楼减去：按住 Alt/Opt 键使用快速选区工具选择减去模式，在这个建筑上进行涂画，包括天顶，要注意不能留下边缘。如果工具将高大建筑物的阴影一起选中，那就放开 Alt/Opt 键选择添加模式，在投影部分进行涂画，减去阴影的选区。这需要花费一点时间，并在增加和减去之间不断地进行切换才得到更加精确的选区。

4. 注意城市的边缘有一点模糊。任何改变和镜头校正都会让图像有一点模糊，要模拟出这种模糊的效果让选区看起来更加自然（而不像是假的切割出来的锋利的边缘）。为此，可点击选项栏中的调整边缘按钮。在出现的对话框中，将羽化的滑块调整到 1 像素。让选区不会出现虚边，将移动边缘设置为 −40%（图 9.8）。当微调到满意的效果时，点击"确定"按钮。

5. 在图层面板上点击添加图层蒙版图标，给选区添加蒙版。虽然可以直接从调整边缘对话框中执行此操作（在选项栏中点击调整边缘图标■），但是我更喜欢使用手动的方法添加蒙版，这样可以更加直接地对所要遮盖的部分进行选择。

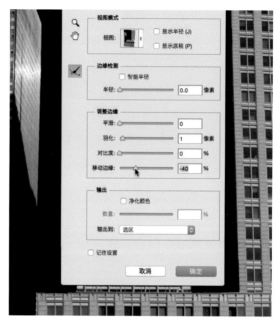

图 9.8　为了更好地进行无缝拼接，对选区边缘需要进行微调；调整羽化能够更好地与边缘上的蓝色进行融合，将移动边缘滑块的数值降低能避免选区虚边的产生。

提示　在微调选区边缘时，要放大进行调整（在所想要微调的区域按住Alt/Opt键滚动鼠标进行放大缩小，或按 Ctrl/Cmd+ or Ctrl/Cmd− 进行放大缩小），以使能够看清所要调整的内容。否则当编辑完成后，大致上看效果很好，但实际上很糟糕。

提示　要在蒙版上画直线（建筑上经常使用），先点击边缘的一端，然后按住 Shift 键点击边缘的另一端，Photoshop 会以当前不透明度的设置绘画出一条完美的直线。如果使用的是手绘板，会看到不透明度随着压力的变化而变化，那就关闭压力控制。

拆除前的准备

虽然已经构建出了大的环境，但是如果在拼合前做好准备工作会使拼合进行得更加顺利。在这个案例中，用蒙版更容易实现建筑破损的效果。另外，要将大楼右边顶部的部分去除掉，以便于添加新的天空。为了给山留出空间，还需要去除掉这个小的背景建筑。提前做好规划，有助于后续工作的顺利进行。

不用过于细化所要去除的部分，因为在后面会对破损的效果进行细致的调整。现在先粗略地去除建筑物顶部的部分，为后续合成的部分留出区域。我想让建筑的角度稍微向右倾斜一点，以便于视线能够顺着建筑延伸到山、草地和其他的主体对象上。为了更好地控制视觉流程，可以给画面赋予微妙的方向暗示。一条线，一个亮点，夸张的对比和颜色都可以引导视觉的方向。

1. 使用快速选择工具（W），先从左边的摩天大楼上选择想要去除的区域，再在这个区域添加上云的图案以平衡画面（图9.9）。

图 9.9　大致地选择出将要去除的区域，例如右边摩天大楼上面的区域。

2. 在选区上用不透明的黑色涂画以去除选区的部分。（涂画时所涂画的内容就已经被去除掉了。在此过程中，获得乐趣的同时也会获得更好的结果！）或者也可以使用 Alt/Opt+Delete 快捷键用前景色填充选区（一定要是黑色）。

3. 对其他需要去除的部分制作选区，对不理想的选区边缘进行调整。使用小号圆头的柔边画笔，用黑色在蒙版上进行遮盖，使用白色可以让不可见的部分显示出来（图 9.10）。

图 9.10 对想要去除的城市区域进行遮盖，以凸显出后面衰败的景象。

4. 检查前面的练习部分是否已经将中间的黑色建筑和小块的背景完全遮盖住。将图像放大以确定没有多余的像素存在，且不要有多余的杂点存在。虽然像旁边蓝色发亮的小型建筑不需要去除，但是在后面也需要将它移至山的图层之后以增强画面的景深。现在，只需要保证它不影响其他合成的进行即可。

给草地添加蒙版

城市已经准备得差不多了，下一阶段就要置入草地，并将草地上的树遮盖住（图 9.11）。草地上的花和强烈的绿色形成鲜明的对比，创造出一种生机勃勃与衰败并存的冲突感。并且草地还能很好地隐藏住女剑客的脚。当将在工作室拍摄的照片与环境相结合时，脚是第一个不可见的部分。此部分内容将会在"选择女剑客"的部分进行详细的讲解。

图 9.11 我拍摄的内华达山脉下的草原这张照片和城市场景的景深、明暗和透视角度都十分相似，非常适合合成。

1. 从第九章资源文件夹的草地文件夹中打开 Meadow.jpg，并置入合成文件的草地文件夹中，让草地文件夹在城市文件夹之上。图层的顺序非常重要，因为它会直接影响每一部分堆叠的效果。

2. 在图层面板中，将草地图层的透明度改成 50%，这时城市的地平线和草地就会同时显现出来。然后使用移动工具（V），将草地移动到两个建筑物下面并进行缩放以适应此区域（图 9.12）。我用树木的水平线以最大的建筑为参考进行对齐。在草地位置确定得差不多时，将不透明度还原回 100%。

3. 点击图层面板下方的创建蒙版按钮 ⬛ 添加蒙版，然后用不透明的黑色圆头柔边画笔（或者如果之前使用的是一个硬边画笔，在使用完成后一定要记得将画笔的硬度还原到 0）遮盖草地图层上的天空和树，只留下树木线。另外，我还留出了一些树以便与后面场景更好地进行融合。当然，这根据个人喜好来定。

图 9.12 将不透明度更改为 50% 所有图层都可见，以便于草的拼合。

提示　通过按 \ 键蒙版区域会显示出默认的红色，要反复检查蒙版的覆盖情况。如果发现还没有覆盖成红色的部分（或者不应该被覆盖的覆盖了），就修正它。在工作中需要花些时间去检查那些零散的像素以避免产生大量的杂点。

4. 使用有斑点效果的纹理画笔，像飞溅画笔（图 9.13），用黑色的画笔沿着植物的自然轮廓上下移动。这样能够更好地模拟出草地、树和灌木丛的有机边缘，并更加自然地与图层进行混合。

按 [键缩小画笔，找到适合的画笔大小。如果看到灌木的浅绿色就沿着这个方向一直涂画，会使整个草地非常平整，效果却很糟糕。沿着照片进行涂画，这样的效果才会比较自然。

提示 在涂画时，按 X 键可以翻转选择的油漆桶，可以使蒙版在遮盖（黑色）和显示（白色）间进行切换。如果黑色和白色不是默认的前后背景色，按 D 键还原到原始的默认状态。

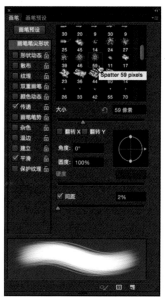

图 9.13 使用一些飞溅纹理效果的画笔能够为蒙版描绘出高仿真的有机边缘。

添加山脉

停车场区域已经完成，开始移动山脉。具体来讲，就是在破损的摩天大楼之间添加一张在我家乡约塞米蒂国家公园拍摄的坚硬的花岗岩山图像。添加山脉很简单，困难的是制作选区和涂画蒙版，要让山顶后面新的天空和边缘的植被都显示出来。

1. 从源文件的第九章资源文件夹中复制 Mountain.jpg（图 9.14）文件，并放入合成文件的山和城市背景的文件夹中。（如果对这步不清楚的话，请参阅第六章如何寻找和置入图像到 Photoshop 和合成文件中。）

2. 在摩天大楼间使用移动工具定位山的位置，树的部分被隐藏掉了，但是还要给发光建筑旁边的小型建筑留一些空间（图 9.15）。

图 9.14 这个山最终将取代发亮的摩天大楼，所以现在把它放在山的文件夹中。

3. 用快速选择工具将山的大部分选中（图9.16）。如果不小心把天空也选中了，按Alt/Opt键将它从选区中减去（或者在选项栏中点击相应的图标 ）。在下一步中，将对选区进行微调。

4. 在选项栏中点击调整边缘按钮，在弹出的对话框中添加轻微的羽化效果（1px或者更少），将移动边缘设置为－30%。

5. 接下来，将浮动的调整边缘对话框移动到一边，这样就既可以看到所有菜单又可以看到整个山的周边。默认情况下，选择的是调整半径绘画工具，用它在山的周边进行涂画以将那些参差不齐的灌木区域选中（图9.17）。当选区完成后，点击确定按钮。

6. 在图层面板中点击添加图层蒙版图标 ，将选区转化成蒙版。

7. 同在草地灌木上做的一样，用纹理画笔再一次整理山的边缘。一定要在完全放大的状态下，从外向内进行整理。

图9.15 移动山的位置，对不需要的区域进行遮盖，在左边留出一部分城市背景。

图9.16 先给山制作大致选区。

沿边缘使用调整半径工具

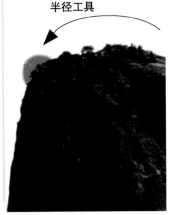

图9.17 当边缘需要细节调整时使用调整半径工具。

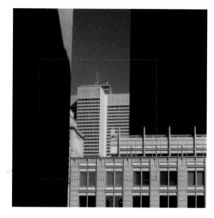

图 9.18 隐藏这个小的背景建筑并将它移动到山图层的下面以增加景深。

提示　对蒙版进行选择性的锐化，在选项栏中将画笔的混合模式更改为叠加混合模式。在锐化的同时，还可以使蒙版沿着所画的边缘向内移动。这样可以避免没有调整选区边缘而产生的虚边。

8. 还记得那个被隐藏的小建筑吗？现在要把它找回来。山夹在远近建筑之间会产生一种景深的错觉。在图层面板的主要城市文件夹中，按住 Shift 键点击图层缩略图右侧的蒙版停止使用城市图层的蒙版。

9. 现在可以看到背景建筑，用矩形选择工具（M）将蒙版剩下的浅色背景建筑选中（图 9.18）。按 Ctrl/Cmd+C 快捷键复制选区，使用 Ctrl/Cmd+Shift+V 快捷键进行原位粘贴（让其在合成文件中的位置保持不变），实际位置是在山和背景城市文件夹中山图层的下面。文件夹名越长是不是越有意义呢？要提前考虑清楚，以免后续的不断修改。

10. 使用第一步中遮盖主要城市图像的方法遮盖住这个图层的天空和其他建筑。

云层的添加与调整

添加一些云的效果能够改变整个图像的氛围。作为一个云像摄影的热爱者，拥有自己的图像库非常重要，因为这样你就可以无限地进行选择了。在选择图像时，要慎重地选择光线。如果云里有光就不太适合当前这个场景的合成，因为这样会吸引受众的视线。他们未必能发现是云的问题，但是肯定会感觉到不舒服。你可能不会找到完全匹配的图像，但是在选择图像时要特别注意高光和阴影的方向。要知道，我们从不同的角度和视角看到的阴影方向会不同（随着时间的变化，阴影也会发生明显的改变）。所以如果太阳照向一个物体的东面，那么也会照向所有物体的东面！

在自然法则的这个作品中添加云十分简单，因为在这之前已经对城市和山图层制作了蒙版。现在唯一要做的事就是调整对比度和其他部分，以便云图层更好地进行视觉融合。

1. 在第九章资源文件夹中的云子文件夹中，将 Cloud1.jpg 以标签的形式在 Photoshop 中打开，然后用移动工具（V）将它移动到合成文件中。或者使用 Adobe Bridge 和置入功能（在图像的缩略图上单击右键，选择置入 > Photoshop）将整个图像以智能对象的形式置入。如果只想要一部分内容而不是整个对象，仍然需要使用标签的方法。

图 9.19　调整云的图层顺序，将它移动到图层的最底部。

2. 使用移动工具（V）将云缩小，并且拖曳到最后一个文件夹天空文件夹中（图 9.19）。关于缩放和移动工具的其他使用方法，请参看第二章。

3. 为了增强对比度添加曲线调整图层：在调整面板上点击曲线调整图标，然后如图 9.20 所示将暗部加黑、亮部提亮以增强对比效果。

图 9.20　曲线能够对云进行有效的调整，因为它影响的是整个色调；同时，它能够对最终效果进行精确的调整。

4. 将这个曲线剪切给天空图层，按住 Alt/Opt 键在图层面板上的曲线图层和云图层间点击（图 9.21）。或者在图层属性面板上点击剪切图标 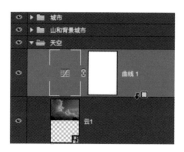。无论是哪种方法，都只是对云 1 图层进行调整，如果以后想要再使用蒙版是不会受到影响的，因为调整图层作用于云图层。

5. 现在合成的效果看起来左侧太重，有点失去平衡。为让它看起来平衡，在右侧空的地方添加一些云的效果。置入 Clouds2.jpg 文件，将它放在天空文件夹中云 1 图层的上面，进行调整。

6. Cloud2 有一点点背光，比较适合放在靠近太阳的位置；为了进行拼合，对不需要的部分进行遮盖。点击添加图层蒙版图标，选择一个大号的低透明度的柔边圆头画笔，沿着边缘涂画直到出现高光。将所有的都遮盖住，只保留小块背光的部分。使用另一个曲线调整图层让天空的颜色过渡到高光，所以现在在蒙版上只涂画到高光的位置（图 9.22）。

7. 创建另一个调整图层，放置在云 2 图层上，并将调整图层剪切给云 2 图层（Ctrl+Alt/Cmd+Opt+G）。

8. 点击调整缩略图打开调整属性面板，如步骤 3 中所做的那样沿着曲线默认的对角线添加两个控制点。把暗部稍微向下移动一些，亮部稍微向上移动一些。现在这个云层已经与天空背景和其他云层完美地融合了——不需要再使用精细的画笔进行调整（图 9.23）。

图 9.21 如果在后面还要对此图层使用蒙版，可以将曲线调整剪切给云 1 图层，这样就只有这个云图层显示调整图层的效果。

图 9.22 要将云四周全部遮盖住直到高光的部分。

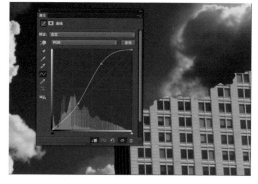

图 9.23 使用曲线调整图层控制整个云层的色调，让其与大片云层和天空相协调。

颜色控制

现在场景中的元素都已经准备就绪了，然而从整体来看场景有一种轻松愉快的氛围——实际上场景应该是一种腐朽衰败的景象（除了花以外）。这时需要从作品的色板中反映出这种阴沉的氛围。对画面进行整体的调整，添加纹理调整效果，并且不要让颜色太过扎眼。

1. 点击效果文件夹打开它，并从调整面板中添加一个新的黑白调整图层 。这时所有的图层都会变成黑白两色，这看起来可能有点极端，但是刚开始都是这样。

2. 将图层的不透明度降低到 63% 左右，将有助于剩余部分的调整并且能够让工作更加流畅（图 9.24）。

图 9.24 用黑白调整图层去除图像的饱和度，将图层的不透明度设置为 63%，能够让画面整体呈现出沉闷的效果。

室内和室外摄影的结合

在室外场景中添加室内摄影的元素，让其形成有趣的光线效果、纹理效果，构建出大的氛围。这需要三个部分的操作：选择适合的模特（尤其是她的头发），调整蒙版让模特看起来是站立在场景中（在《自然法则》中，模特站立在花的区域），添加纹理图层的剪贴蒙版让室内拍摄模特与室外场景完全融合。在这个过程中，经常需要使用多个操作才能完成。

选区

在《自然法则》中，在灯光师 Jayesunn Krump 的帮助下，我在室内为模特前海军米兰达拍摄了三组不同姿势的照片（图 9.25）。我选择了最边上的画面（Pose1.jpg），因为

图 9.25 给对象多拍摄一些姿势，可选择的余地就会很大。然后选择出与创意最契合的图像。

我想让它引导受众视觉的方向。然而所有的图像都有其独特的特点，所以你可以根据画面需要进行选择。

1. 首先从第九章资源文件夹中的主题文件夹中选择出最喜欢的姿势照片，把它置入合成文件中（也可以使用置入或者打开标签的方法），以及图层面板的对象文件夹中。在创建图层时不要忘记给图层做好标注，这个图层应该被叫做对象。

2. 把这个图层转化为智能对象（在图层缩略图上单击右键，然后从快捷菜单中选择转换为智能对象），将米兰达缩小到适合画面的大小。

在这个例子中，我将米兰达缩小到整个画面一半的大小。这样能够让她足够接近观众，太远的话就会显得很孤立。

3. 使用魔术棒工具（W）将选择的米兰达从背景中分离出来。在选项栏中不勾选连续，将容差设置为 50%，在米兰达后面背景的中心位置点击——这样几乎全部的背景都会自动地生成选区（图9.26）。还有一些没有被选中的部分，可以按住 Shift 键点击剩余部分进行选择。因为背景是均匀的，使用魔术棒工具非常有效；如果很杂乱，你就需要使用不同的选择工具。

4. 按 Q 键进入快速蒙版模式，选择大的实色的白色画笔，在需要制作选区的部分涂画。（同样的，如果使用魔术棒工具不小心将米兰达皮肤的部分也选中了，就可以使用黑色画笔将多选的部分去除）。再一次按 Q 键退出快速蒙版模式，然后按 Ctrl/Cmd+Shift+I 快捷键将选区反向，这时米兰达就被选区全部包围了。

5. 为了获得最好的效果，可以分两个阶段对选区边缘进行微调：羽化和移动选区边缘，然后制作头发的选区。点击调整边缘按钮，然后调整羽化滑块到 0.5 像素让边缘稍微模糊一点，以便于和清晰的图像更好地进行融合。将移动边缘设置为 −40% 以消除掉所有的虚边（图 9.27），当边缘完全与选区吻合时点击确定按钮（不要管头发部分）。

图9.26 将魔术棒工具的连续关闭，容差设置为 50%，能够将整个场景的大部分背景选中。

图9.27 羽化选区的边缘同时又要避免将头发也羽化掉，这也需要两个步骤。首先对整个选区的边缘进行羽化，点击确定，然后使用调整半径工具选择头发再次调整边缘。

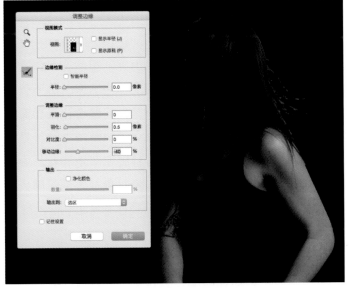

图9.28 对复杂的头发选区使用调整半径工具会变得非常地简单。

提示　如果在调整边缘对话框中对选区背景来回进行黑色白色的更改，就会看到白色（W）或黑色（B）的虚边保留在选区上。

6.　再次点击调整边缘，对头发选区进行微调。就像整理山上的灌木丛一样，用调整半径工具沿着头发的边缘整理碎小的头发，让选区更加精准（图9.28）。

7.　将所有的发丝都选中后，在图层面板上点击添加图层蒙版图标█，选区部分就完全地显示出来并且更换了新的背景。

8.　为将发光的虚边消除掉，使用画笔工具在选项栏中选择叠加混合模式，用黑色进行涂画。这会使选区向内收缩并且能够起到锐化边缘的作用，所以使用这种方法时要适度。

除此之外，我经常使用默认的正常混合模式的小号柔边画笔沿着边缘进行涂画，但是涂画时要非常精确。另外，还要将原来魔术棒选区产生的虚边涂画掉；这些虚边主要会出现在较亮的区域，像剑，手或裤子的区域。

让对象站在草地上

怎样才能让拍摄对象的脚站在地面上呢？虽然在工作室的地板上看起来很稳，可一旦移动到合成文件中，米兰达不仅站在了草上，并且能够看到整个脚。这个常见问题会让画面看起来很奇怪，并且会破坏整个画面的效果。我的解决办法就是将膝盖以下的部分全部去除，让它产生一种腿在草地和花丛中消失的错觉。如果觉得很难的话，也可以将对象放大到足够大，让她的脚超过画面的底部，就好像她站得离你非常近（图2.23）。下面是让物体在草地中消失的方法。

1.　从画笔面板中选择纹理毛发画笔，直接在人物对象的蒙版上画；使用不透明的黑色画笔将脚和腿全部遮盖住。从地面往上画，模仿出草和花的叶片。但是不要过于强调细节，除非已经非常确定人物对象在草地中的位置。每次移动这个对象时，由于腿的关系而让草地看起来不同，这就需要重新调整蒙版。当确定好最后的位置时，再对蒙版进行最后的修改（图 9.29）。

2. 根据整个场景的光线和变化添加阴影效果，在增强景深的同时还能增强其真实性。在图层面板上点击新建图层图标创建一个空白图层增加阴影，将这个图层的混合模式更改为叠加混合模式并且命名为阴影。在对象文件夹上方创建一个文件夹，并且将这个文件夹命名为阴影，将阴影图层移动到阴影文件夹中。

3. 再次将画笔切换成柔边画笔，将不透明度降低到 10%，在主体人物的左侧和下腿的周围轻轻地画一些阴影。低透明度的设置时，需要多涂画一些（图 9.30）。

在这个阶段，阴影不需要过于完美；可能需要回到图层上，根据对象移动的位置再次进行调整。

图 9.29 将脚和腿全部遮盖住能够使对象更稳地立在画面上。

图 9.30 当将室内拍摄的人物照片置入自然环境中时，阴影是非常重要的。

给模特添加污点效果

添加一点污渍纹理能够更加烘托出画面的气氛。现在的画面太过于干净，和整个作品世界末日的感觉不吻合。给对象人物添加一点野外生存的粗野感，在画面中仅需要添加一些纹理就能够改变整个画面的感觉。

1. 从第九章资源文件夹中的纹理文件夹选择 Cookie_ Sheet.jpg（图9.31），直接放在合成文件的对象上和图层面板中。将这个图层标注为泥。金属材质有很多种用途，像这种刮痕和颜色碎片都是很好用的素材。

2. 将泥图层的混合模式更改为正片叠底，这样主体人物会变黑并且会显示出纹理。

3. 按 Ctrl+Alt/Cmd+Opt+G 快捷键将泥图层剪切给可见的主体人物图层（或者在图层面板的两个图层间按住 Alt/Opt 键进行点击）。

4. 使用移动工具（V）对纹理图层进行移动、缩放和旋转，让斑点和污渍与所需要的区域对齐。例如在这个案例中，我想让手臂上显示出明显的擦伤，所以移动纹理图层以让它很好地覆盖在手臂上（图9.32）。

图 9.31　使用过的烘焙纸具有金属的纹理效果。

图 9.32　移动金属纹理直到人物的胳膊和脸上都布满了斑点。

5. 划痕给画面增加了末日的感觉，但是米兰达还是过于干净，尤其是她的浅色裤子。将 Falls1.jpg（也在纹理文件夹中）置入画面中，将裤子加深并且添加一些褶皱和污点。从花岗岩中找一个斑点，要和褶皱的方向相一致，但是要躲开水的部分。我找的是位于约塞米蒂瀑布右上方的岩石部分（图9.33）。将这个图层标注为深色裤子。

6. 将深色裤子图层的混合模式更改为正片叠底，并剪切给主体对象（Ctrl+Alt/Cmd+Opt+G）。

> 注意　不要使用过多的纹理相互叠加，因为这样会让斑点变得非常糟糕！不要想着将对象全部覆盖，要有选择地添加纹理，所以适当地对纹理使用蒙版以避免过多的纹理相互叠加（主要是皮肤的部分）。

7. 在这个案例中，裤子、一半的胳膊和躯干都变黑了。如果你也遇到同样的问题，那就给除了需要变暗的裤子以外的部分添加蒙版（图9.34）。

颜色和光线的调整

当前画面让人感觉不舒服的主要原因是光线的问题，与画面的其他部分相比较，人物部分是暗色并且充满泥泞的。虽然米兰达是在中性的光线下拍摄的，但为了让其在合成中看起来像自然光源，人物图层需要来自太阳更加强烈温暖的光线，在阴影部分也需

图 9.33 从花岗岩中选取一个斑点使用正片叠底混合模式将裤子加深。

图 9.34 添加一点花岗岩的纹理，再配合一点蒙版的使用，裤子就成为暗色的并且带泥土的了！

要一些冷色。具体的颜色和光线的调整需要根据位置的变化而决定，所以很难完全复制Nature_Rules.psd的效果。但是，可以在开始时使用下面的这些步骤。

1. 创建一个新的空白图层，把它放在刚才给裤子使用的纹理图层的上面。将这个新图层剪切给下面的图层，并且将它的混合模式更改为叠加混合模式。将其命名为高光。现在就可以无损地对受光和阴影部分进行减淡和加深的操作了（图9.35），方法同第八章中对火和烟的操作。

2. 选择低透明度的柔边圆头白色画笔，沿着阳光照射的右边裤子进行涂画（图9.35）。将这个图层命名为高光，在这个图层上画的部分会成为高光。

不要画太多的高光，因为画得太多看起来会非常假，尽可能让其保持自然的效果。根据太阳的方向，受光的部分依旧是在人物的左边，强调出它的受光感。

3. 创建第二个新图层，这次把它放在高光图层上，并且重复第1步和第2步。将其命名为暖高光。用温暖的黄橙色模拟出太阳光照射的效果，室内的灯光是做不出这种效果的。

4. 在暖高光的图层上，在阴影的部分添加一些淡蓝色能够增加阴影的维度和对比度。莫奈等大师一直都在研究自然太阳光下

图9.35　将叠加混合模式图层剪切给对象，就可以画出任何想要的受光效果。

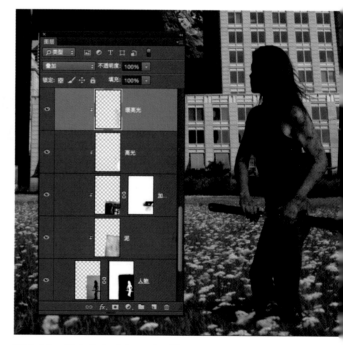

图9.36　暖高光和冷色阴影能够增强空间感，从而让画面产生大的视觉冲击力。

的颜色——但他们不能给颜色使用叠加混合模式（图 9.36）！

　　仔细观察原来的自然法则图层就会发现，我在头发上也添加了一些纹理，让头发看起来有些脏脏的感觉；给手使用了曲线调整将其变暗，让阴影更加真实。这两个调整同样使用了之前所讲的纹理和光线的添加方法，只是在细节上进行了调整（图 9.37）。在进行合成时试着使用这些方法，看看哪些可以增强画面效果。

> 提示　适当地休息一下也很重要。离开后以新的视角重新审视画面，能够更好地进行调整。

图 9.37　局部进行调整，能够让画面最终产生巨大的变化。

完善建筑的破损效果

在"拆除前的准备"部分，已经将建筑切割成了锯齿块。在后面会回到原来的蒙版上涂抹掉其他多余的部分，而且还要在图层上涂画黑色作为破损建筑的阴影，并且将这个图层直接放在城市图层的下面。为实现破损建筑上破碎的窗户效果，可以使用魔术棒工具进行少许的涂画。使用花岗岩和锈铁皮这种砂质纹理会产生非常不同的效果。你可以根据喜好制定场景，是要破损的还是要干净的。当然，纹理的叠加和破损的结构效果都是靠多个积累起来的。

图 9.38　生锈的金属纹理能够让任何事物都变得老旧不堪。

1. 同给主体添加纹理一样，从纹理资源文件夹中打开一个生锈的金属图层（Rust1.jpg），将它直接放在城市文件夹中的城市图层之上（图 9.38）。

2. 为实现腐蚀的效果，将这个新图层的混合模式更改为正片叠底。后面还需要将其稍微提亮一些，但是现在只需要这种污秽的混合效果。

3. 按住 Alt/Opt 键在图层面板的两个图层间点击，将生锈的金属图层剪切给城市（图 9.39）。

4. 从纹理资源文件夹中打开 Half_Dome.tif 文件，给右侧的腐蚀破损风化的建筑添加一些变化。我喜欢约塞米蒂的这个半

图 9.39　将生锈的金属图层剪切给城市图层可见的部分。

圆顶，因为它有漂亮的高光、黑色的污点以及向下的条纹。再次将这个新图层剪切给城市，并且将它的混合模式更改为正片叠底。

5. 纹理使建筑看起来有点太暗了，所以添加曲线调整将画面提亮：在调整面板上点击曲线图标 ▨。在调整属性面板的底部点击小的剪切图标 ▨，将这个新图层剪切给城市。

6. 沿着默认曲线的对角线在高低两处添加两个曲线控制点，移动上面的控制点能够将整个建筑都提亮如同阳光照射的效果。如图 9.40 所示，我在案例中将光照效果调整到了最大限度，直方图的峰值都集中在中间区域。在下一步中，低的控制点能够在提亮中间色调的同时保持暗部不变。

图 9.40 调整"曲线调整"图层能够有效地将整个建筑提亮。

7. 对中间色调进行细微调整，创建第二个曲线调整图层。如图 9.41 所示，添加一个控制点将整个中间区域向上提升。有时在调整色调时一个调整图层是不够的，需要多个曲线调整图层才能更好地实现效果。

8. 重复步骤 1~ 步骤 7，对代表人类文明的发光的灯塔进行腐化：小的背景建筑。

破碎的窗户效果

破碎的窗户预示着挥之不去的神秘的恐怖感，让整个建筑有一种被人从里偷窥的感觉。使用魔术棒选区和涂画一点点黑色就可以制作出这种效果。当然，破坏到什么程度

图 9.41 第二个曲线调整图层能够将所有的中间色调提亮以平衡建筑由纹理所产生的暗色。

由你自己来决定。在原来的自然法则中，我想让大部分的玻璃都破碎掉而只保留一些小的碎片。如果想让效果更精准，可以逐个像素进行绘制，但是使用魔术棒选区会更快，能够减少大量的工作。

1. 选中原有的城市图层（不带有蒙版，没有调整过的图层），然后使用魔术棒工具（W）。

2. 在选项栏中将容差设置为 20，连续不勾选。

3. 在窗户上点击。因为连续被关闭，现在所有的窗户都会被选中，放大后仔细观察（图 9.42）。这能够比逐个窗户地涂画节省大量的时间。

4. 创建一个新的空白图层，并将其直接放置在城市调整的最后一个图层的上面——在移动位置前将这个图层命名为窗户。

5. 使用不透明的纯黑色画笔在所选择的窗户区域进行涂画。重复步骤 3 和 5，直到窗户破损到你满意的效果。不要将这些选区全部填充为黑色，而要在这些选区上进行涂画，这样才能够更好地控制黑色的用量和位置。

6. 对选区以外的部分进行操作时需要先取消选区（Ctrl/Cmd+D），放大以近距离地观察给窗户做最后的润色，记住一定要在窗户的图层上进行调整。虽然魔术棒的方法很有效，但是绘制是微调和制作破碎玻璃效果的基础（图 9.43）。

图 9.42 当选项栏中的连续不勾选时，在选择一个窗户的同时会将所有窗户相似的部分全部选中。

图 9.43 在所有窗户的选区涂画上黑色，会让整个建筑产生一种可怕的感觉。

给破损的边缘添加阴影

对建筑进行遮盖合成时，适当的阴影能够增强整个假象的可信度。为了让效果更加真实，可以使用下面的这些步骤。

1. 选中城市图层，将大型建筑的顶端右侧放大，这样可以更加精准地添加一些杂乱的效果。

2. 按 [键将画笔缩小到 6 个像素，在蒙版上使用 100% 不透明的黑色进行涂画，让原本破损的屋顶边缘更加锐利和杂乱。以图 9.44 作为参考。

3. 通过添加阴影，能够给粗糙的边缘添加空间感。创建一个新的空白图层，将它直接放在城市图层的下面，并将此图层命名为阴影。

4. 像图 9.45 一样，同样使用 6 个像素的画笔沿着边缘更加深入地进行涂画。如果它看起来像 B 级电影那么假的话，那就沿着边缘增强厚度。从地面的透视角度看，会看到底部和左侧厚墙的部分。但是随意添加的部分能够增强画面凌乱的印象，使其看起来像是不规则的破裂。

图 9.44 相比较于图 9.9 中建筑的破损效果，现在的效果更加精细。

图 9.45 给遮盖的城市后面再添加一点阴影和混乱效果，能够让画面更加真实。

添加氛围

在空气中弥漫着一些碎片能够增强整个场景的真实感，尤其是像自然法则这样脏乱的毁灭性的场景。

厚实的灰尘和透视能够增强主体与背景间的景深度。对象人物紧紧地盯着远方，在这个部分添加一些朦胧的气氛能够表现出一种不祥的预感。这个设想是想让受众好奇为什么她会看向远方，为什么她要拔她的剑。给观者留下更多的想象空间，他们会更加沉浸在场景中，这样更加有助于叙事性的讲述。在这个部分将创建出基本的氛围，在后面的部分进一步细化。

1. 创建一个新的空白图层（点击  ），将其命名为灰尘，并放在草地文件夹中。

2. 在场景中绘制出烟雾弥漫的效果，从色板中挑选一个苍白的中黄色（图9.46）。使用白色的话会显得十分苍白，而苍白的中黄色更加适合此场景，不仅仅增添了颜色也增添了颗粒感。选择柔边的画笔，在选项栏

图9.47　在上面涂画以增强气氛，让画面产生更加神秘的感觉。

中将画笔的不透明度设置为5%，然后将画笔的大小调整到400~600px。

3. 想要地平线周围模糊一些，可以多画一些笔触。在画的时候，尽可能地紧挨地面，然后慢慢地向上

堆积得越来越高，就好像它漂浮到了城市其他地方（图9.47）。要添加足够的量让其感觉更加自然，就像是羽毛似的充斥在各个地方。要记住距离越远，观者与物体之间的氛围积累得就越多，所以在景深的区域要画得更厚一些。

图9.46　使用色板选择一个自定义的气氛色彩，并使用这个色彩绘制出整个场景氛围。

最后的润色

尽管这一章的操作有条不紊地进行着，但是任何时候都不会一帆风顺。我发现我操作的区域变成了另一个区域，需要返回重新在地平线上进行调整。在最后的阶段要做的是：这些最后调整的图层会使整个画面更好地融合在一起。

图9.48　在叠加混合模式图层上添加暖色能够使整个合成更具有连续性和统一的色调。

在这里有三个方面需要注意：颜色、阴影和光线。所有这些都在图层堆上部的效果文件夹中，所以调整图层时对整个合成文件都会产生影响。

颜色的连续

虽然在"云的添加和调整"最后的部分添加了黑白调整图层将整个颜色都减淡了，但是这还不足以创造出场景所需的氛围。根据个人喜好，我比较喜欢在最后的画面上使用暖色调。在这个案例中，我添加了一点暖色以强调出尘土飞扬的感觉，并且让观者能够感受到阳光的照射。建立一个新的图层能够让整个合成文件都变得暖起来。

1. 创建一个新的空白图层，将它放在效果文件夹中。我通常将这个图层命名为暖色，以帮助记忆它的作用。

2. 选择油漆桶工具（G），从色板中选取暖的黄橙色。

3. 点击一下，将整个油漆桶倒洒在整个图层上。将混合模式更改为叠加混合模式，并且将图层的不透明度更改为11%。用足够的黄橙色给这个部分添加微妙的暖色调（图9.48）。

阴影和草地

所有元素的位置都已经确定不变，现在可以回到阴影的部分进行细节的调整，让主体的阴影看起来是在草地上。这些阴影包括整个草地阴影的调整，为实现主体人物更自然地站立在草地上。最好是在文件夹中进行调整，例如对象文件夹，如果文件夹被移动，所绘制的阴影也会移动。

1. 在调整对象阴影时，回到对象文件夹中打开创建的阴影文件夹。在叠加混合模式下，用黑色涂画会让暗部变得更暗，但是大部分亮的部分依旧保留（因为它们不需要太黑）。当使用叠加混合模式添加阴影时，不要将米兰达脚下亮色的花遮盖住。

2. 为了让花不被遮盖住，在第一个阴影图层的上面创建一个新的空白图层（命名为暗部的花，仅供参考），混合模式为默认的正常混合模式，使用低透明度（按 1 是 10% 不透明度的快捷键）的黑色直接在这个新图层上涂画。目标对象是米兰达脚下阴影中的花柱。再次查看案例文件会看到花的遮盖程度（图 9.49）。

3. 在暗部的花图层上创建另一个空白图层（从这里开始每一个阴影图层都放在后面建立的图层上面），命名为阴影区域，并将它的混合模式更改为叠加混合模式。使用

图 9.49　在阴影中的亮花也需要变暗。使用低不透明度的黑色在正常混合模式的图层上涂画是一种简单有效的解决办法。

这个图层作为整个草地的主要暗部区域，这样对象的腿和草就能够很好地融合了。

4. 同样使用低不透明度的黑色画笔，这次将画笔大小设置为 400px。大的画笔能够创建出部分草地没入云中的效果，阳光只照耀在米兰达看向的边缘。图 9.50 显示出了如何通过绘画塑造出整个图像的氛围。

图 9.50　使阴影和草地形成对比，以创建出更加紧张的气氛，并且给图像封闭的底部创建出轻微的光晕效果。

a

b

图 9.51 使用斑点画笔 a 画出一个斑点，然后使用动感模糊滤镜进行模糊以模仿出光束的效果 b。

强光和全局光

为了加强画面效果，除了在场景中添加尘土，甚至还可以加入强光和阳光。和草地文件夹中的图层不同的是，这些图层会影响整个画面。如果还没有调整层级的话，先暂时这样继续下去，但最后仍需要回来完成这些步骤。

1. 完成最后的光线效果首先创建一个新的空白图层，将其命名为强光，把它放在效果图层暖色图层的上面。

2. 使用色板，在黄色系中选择浅的米黄色，将默认的圆头柔边画笔的大小改为 175px。

3. 给场景的氛围进行最后的润色，这次要比第一次涂画得厚一些（原来使用的是 5% 的不透明度甚至是更低）。添加到原来添加尘土的地方，然后蔓延到其他的建筑上。这样能够让景深看起来更自然些。注意在草地边缘上的建筑也需要被提亮，甚至在黑色窗户上方添加一点烟雾效果也会使建筑看起来更加遥远、更加真实。在风景摄影中，只有当物体完全靠近观者的视角阴影才会是纯黑色；不符合常理时，观者很容易会察觉到！

4. 淡淡的阳光能够让场景更加真实，能够增强整个场景的氛围。首先在效果文件夹中创建一个新的图层，将其命名为光照。选择接近米白色的大的（400px）斑点画笔。在光照图层上，先画一个斑点（在场景中间区域点一下）。

5. 选择动感模糊滤镜（滤镜 > 动感模糊），对刚才所画的斑点进行涂抹（图 9.51）。切换到移动工具，将刚才模糊的斑点拉伸成长的光束（切换成显示变换控件）。移动和复制这个图层到它所需要的位置，并且可以像其他图层那样用蒙版进行混合。光束是向外延伸的，按住 Ctrl/Cmd 键向外拖动变换控制点（图 9.52）。

6. 在最后的光线效果上添加两个曲线调整图层。第一个曲线会将整个建筑提亮，并且会使这些地方有一种在光线照耀下的感觉。再添加一个新的曲线调整图层，将其命名为强光曲线，然后轻轻地往上提高一点。如图 9.53 所示，暗部依旧不变。按 Ctrl/Cmd+I 快捷键让蒙版进行反相，这样就可以使用大号的白色柔边画笔在想要凸显的光点上进行精细的绘制了。（具体参数请参照图 9.55 中强光曲线蒙版中的白色区域）。

7. 创建第二个曲线调整图层将整个画面提亮，同时还要让云有漂浮的感觉。将这个图层命名为最终曲线，并且放置在图层堆中强光曲线的上面。如图 9.54 所示，调整曲线将中间色调和暗部全部提亮。

分别使用强光曲线图层和最终曲线图层的目的是对暗部和亮部分别进行精确的调整，两个不同的曲线调整也就意味着有两个独立的蒙版。最终曲线也需要向上提拉，不需要在蒙版上进行绘制。

图 9.52 在将光束移动到正确的位置前，按住 Ctrl/Cmd 键向外拖动光束的一个角，让光束向外延伸。

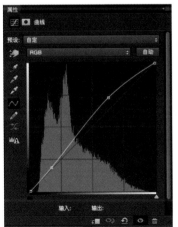

图 9.53 强光曲线主要是为了将画面亮的地方提亮，而蒙版是为让暗部保持不变。除了强光区域，其他的部分都被遮盖住，例如建筑和周围的环境。

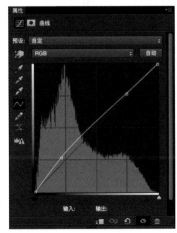

图 9.54 最后，去除整个画面的深色部分，让它看起来是在白天的状态，但是这个恐怖的主题依旧要保持强烈的对比——不要让它太亮了，那样看起来太美好了！

在所有的调整图层上，不需要受曲线影响的部分一定要使用黑色在曲线蒙版上进行涂画，同云的部分操作一样。提供的Photoshop 文件中显示了我在合成中使用最终曲线的方法（图 9.55）。建立最终曲线调整图层的目的是平衡画面（明暗作为一个整体），从视觉的角度进行完善。在 Nature_Rules.psd 案例文件中，我将人物周围的区域全部提亮以凸显出人物。

小结

如果最后的效果和案例中不完全一样，那也没关系！教程的目的是提高你的思维和技法。这个作品在光线和其他地方还可以进一步进行调整，但是还有其他的一些作品之所以好是因为它们知道点到为止。自然法则是一个极有挑战性的项目，在每一个部分中都需要进行破坏和调整，并且在保证无缝合成的同时还要烘托出恐怖的气氛。无论怎样，你现在已经对如何创造出环境的景深、如何制作头发的选区、剪切调整图层的作用和如何改变广角镜头的透视角度有了深入的了解。我认为这些只不过是一些解决合成问题的有效工具。

图 9.55 在最终曲线调整图层上涂画的黑色部分能够让云不会被打散。

第十章

掌握基本纹理

本章内容：

• 以原图为灵感

• 画面构图

• 水的操控变形

• 水和火效果的混合模式

• 用图层样式添加外发光效果

• 动态和散布的笔刷属性

• 调整颜色和绘制的颜色图层

Photoshop 软件可以对纹理进行弯曲和变形，这也是 Photoshop 的魅力所在。在这个案例中，我将我妻子的脸和水相融合，给我在秘鲁拍摄的食人鱼图像添加了火的元素，并且借用了伊利运河边上蹦跳着的青蛙的眼睛（图10.1）。虽然这听起来有点像科学怪人的组合方式，但颜色和纹理能够帮助我将一切混合，以创造出由一个人类操控的、非自然的、超现实的世界。

这个项目也是一个很好的研究灵感创意的案例，而不是操作前的准备计划。有时在合成的过程中，可能还需要出去拍摄其他的素材（像我拍摄的这个脸），也可能会根据创意修改图像（像食人鱼）。在这个案例中，会看到我是如何从这两个方面入手，并且得到最终的满意效果的。

▶图10.1　需要的元素有食人鱼、青蛙、火、生锈的纹理、水和我的妻子艾琳。添加纹理效果，使用混合模式和图层样式让它们变得具有原始的力量。

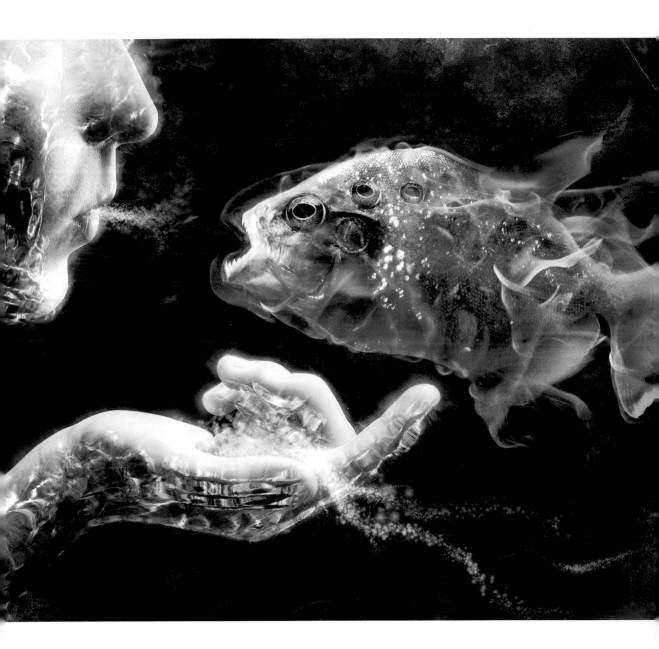

步骤1：鱼的创意

翻阅照片以从中获得灵感！我的灵感来自于这张金色的食人鱼照片（图10.2）。

开始我想让这个鱼潜在水中，想让一张脸靠近它，但是它们没有办法真正拼合在一起，直到我看到了其他的图像和纹理，比如露营旅行时拍摄的花岗岩上浅水的旧照片（图10.3）。看到这样的两张照片，我在想怎样把水塑造成各种形状围绕在脸和手的周围。有了这个想法之后，画面中还需要一个良好的平衡元素，当然是火的图像。搜索存档，发现有一只青蛙可以添加到这个超现实的题材中（图10.4），腐朽的金属可以作为背景（图10.5）。

为了充实我的合成素材，仍然需要对脸和手进行拍摄。我想让光线看起来像是来自于超现实世界，或者是发光鱼身上散发出的光。如图10.6所示，我想让主光来自鱼的方向以增强鱼发光的效果，并且可以和手、背景形成鲜明的对比。所以，我使用了超薄的可夹台灯和节能灯，并在我妻子的后面放了一张黑色的纸，让她的脸和手尽可能地靠近灯光，同时尽可能多地进行拍摄。

图10.2 在亚马逊源头拍摄的金色食人鱼是整个超现实创意的灵感来源。

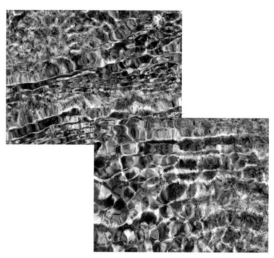

图10.3 阳光下在花岗岩和岩石上流动的浅水能够塑造出很多种有趣的形状。

图 10.4 这个家伙动作很快，但是我的快门速度更快。在自然摄影中经常需要捕捉瞬间的动作，所以当有机会的时候千万不要犹豫。

图 10.5 金属纹理有很多种用途。无论是抽象的背景还是动态的背景，必然有一个会用到金属纹理。

图 10.6 这些照片的光线只需要跟发光的鱼的光线保持一致就可以了，不用担心与其他元素无缝拼接的问题。

提示 像这样两个靠近的图像不需要显示出它们之间是如何联系的，所以可以分开拍摄，这样能够更好地根据需要分别进行调整。例如，先调整好手再集中调整脸。

步骤2：建立逻辑顺序

因为这个合成图像的源图来源不同，我想提前预览下这些图像拼合在一起的效果以便更好地进行比较。同第六章和第八章中的步骤一样，我需要先分别编辑火和水的图像板（图10.7）。我还将水复制了一个黑白版本，模糊掉原有的颜色以让形状更加地清晰。黑白水的图像能够让我更加客观地看清事物的自然形态，易于预期最后合成的形态。对于其他的元素，像背景纹理和对象，我从Bridge中挑选出最好的图像效果，然后分别在Photoshop中打开。

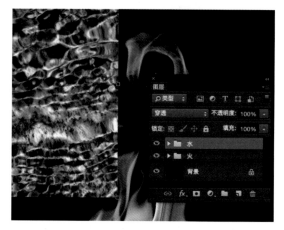

图10.7 分开查看火和水这两类纹理时，让我的工作区变得非常杂乱，标签也很混乱。

> 提示　将图像板的标签从工作区域中拉下来放置在另一边。例如，我的图像板文件在一个显示器上，合成文件在另一个显示器上。

在第六章中也讲过，我为合成的每一部分都建立了单独的文件夹（图8）。最后，我从各个图像板中复制粘贴出各个主要的元素，并且在合成文件中将各个图像图层放置到适当的位置上（图10.9）。

> 提示　当需要对组内的内容再进行分离时，可以在文件夹中再创建文件夹。这就相当于在大的目录下的子集，就像是水滴包含在水的图像中一样。

图10.8 在准备合成文件的过程中，一定要建立好文件夹和子文件夹。

图 10.9 在建立文件夹时，一定要注意不要把重要的图层放入到错误的文件夹中。

步骤3：转换为智能对象

在进行缩放和变形时要尽可能做到无损编辑，所以我决定将它们转换为智能对象。这样就可以在不改变原图质量的基础上进行微调和缩放，以便于随时观察拼合的效果。在第三章中曾讲过当使用智能对象时，在完成变形和使用滤镜后依然可以回到编辑的状态并随时进行调整——这样质量不会损失。在使用蒙版前一定要先转换成智能对象很重要，因为 Photoshop 在转换的过程中会使用转换前的蒙版，这样就会把所遮盖的内容全部清除掉（这是有损编辑）。最好的方法就是在将主要图层置入合成文件时尽可能快地转换为智能对象。正因如此，我通过右键单击图层面板上的图层名称，在快捷菜单中选择转换为智能对象选项，将手、人脸和鱼都转换为智能对象（图 10.10）。

图 10.10 智能对象是使用变形和滤镜进行无损编辑最佳的有效方法。

提示　如果因为一些原因需要将智能对象栅格化（一些小的编辑和个别滤镜需要栅
格化的格式），可以在图层面板上右键单击图层名称，从快捷窗口中选择栅格化图层。
可以随时进行此操作，智能对象时添加的蒙版依旧被保留下来，然而智能对象时使
用的滤镜和其他的编辑就变得不可更改了。

步骤4：给鱼使用蒙版

　　为了画面的布局，需要将元素之外的所有背景都遮盖住——一
个好的开端是从一个好的选区开始。在鱼这个图层上我使用了快速
选择工具，因为这个工具能够得到干净的选区边缘并且能够将所有
的鱼鳞都选中（图 10.11）。然后，使用选项栏中的调整边缘按钮
微调选区边缘。在这里我做了一些调整（图 10.12），让边缘羽化
小一些，使选区向里缩进以避免出现虚边。

图 10.11　快速选择工具能够让选择主体的边缘十分
干净，例如这条鱼的边缘。

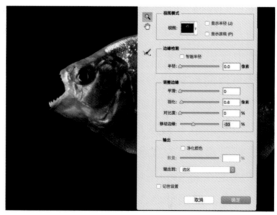

图 10.12　在选区上使用调整边缘命令能够减少选区
边缘的羽化程度以避免虚边的出现。

提示　如果快速选择工具错误地选中了相似的像素，并且量很大，可以按住 Alt/Opt 键，注意这时笔刷内的光标变成了减号。现在就可以将不需要的选区区域清除掉。

接下来，在图层面板的下方点击添加图层蒙版图标 ◻ 给鱼添加蒙版。如图 10.13 所示，蒙版很好地将鱼以外的其他部分全部遮盖住；但是在手握的地方还需要对鱼鳞进行修补，这项工作我们将在步骤 6 中完成。

其他的图像也是如此，制作选区、微调边缘、使用蒙版。

注意　更多的时候你会在添加和减去之间不断地徘徊，这个工具非常敏感，它在试着告诉你要选择一些具体的东西。

图 10.13　当选区使用蒙版时，你就可以使用黑白涂画的方式进行调整了。

步骤5：缩放智能对象

设想与实际之间总是存在着差距，所以需要不断地调整。在操作的过程中保持灵活性可以不断地进行调整和修改——这也就是我会在步骤 3 中将这些图层全部转换为智能对象的原因。如上所述，将这些主要图层转换为智能对象能够对这些图层进行无损编辑。因为当图层成为智能对象时，可以反复修改也不会毁坏原有图像的质量。如果想要编辑图层栅格化的像素（最好不要使用栅格化，因为这是有损的编辑方式）会受到限制（因为要多加一个步骤），但是除此之外它们还可以缩放、扭曲、拉伸，改变混合模式，甚至可以使用很多滤镜（在 Photoshop 最新的版本中）。另外，你还可以不断地返回编辑状态进行调整。总之，智能对象在合成中的表现是非常出色的。这个功能能够方便地进行无损编辑，并且还能够灵巧地让项目的图像资源不发生改变。

注意　在 Photoshop 旧的版本中，智能对象的功能比较有限，不具有 Photoshop CC 中同样的功能。所以检测下你的版本看一下智能对象的相关使用，尤其是蒙版的部分。你可以随时将它们还原成栅格化图层。实际上，有很多专业人士不使用智能对象也可以创造出优秀的作品，所以不要感觉自己落伍了！但是如果你使用智能对象的话，绝对可以让编辑更加无损。

为了给手和脸留出空间，我将鱼缩小了一点，并对脸和手进行缩放、位移和旋转直到画面的构图达到了平衡（图 10.14）。在作品中发现视觉中心点是一个很主观的过程，但还是有一些东西需要有意识地去建立：视觉流程，在浏览的过程中会创建出一种运动和平衡感。这些细节的设置，在作品最后完成时一定会被观者所察觉。

步骤6：给鱼安置上青蛙的眼睛

食人鱼的眼睛充满了强烈的希望，不像伊利运河上青蛙的眼睛那么充满邪恶和恐怖感，所以这条鱼一定需要一只充斥着不满情绪的眼睛。除了需要挪动以外，事实上还需要更多的眼睛。我决定用三个复制的缩小版的青蛙眼睛替代鱼原来的眼睛。

在替换时为了确保原始图像不会受到损坏，我对鱼的图层进行了复制，并点击缩略图旁边的可视化图标让原始图层不可见 ![眼睛图标]。这有点类似于给图层做了一个数字底片的存储，如果鱼的基因突变成三只眼并且还被火包围着，这样的场景设定有点太夸张了，我们可以不断返回重来（图 10.15）。

因为已经将鱼的图层转换为智能对象，在图层面板鱼的缩略图上双击，在弹出的

图 10.14　当缩放对象是智能对象时，可以随时进行调整并且原有的图像质量不会受到损坏。

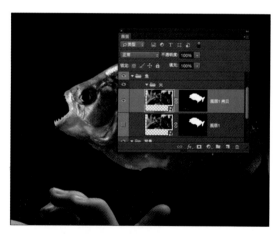

图 10.15　对要编辑的图层进行复制，一个用以编辑，另一个让其不可见以作备份。

提示框中点击确定按钮，这个提示框显示的内容是可以在单独的文件上编辑图层。然后 Photoshop 会为这个智能对象打开一个新的文件，现在就可以开始眼睛的操作了。当每次保存这个新文件时（Ctrl/Cmd+S 保存就行，不需要另存为），Photoshop 都会自动地更新显示出改变后的效果。这种操作方法绝对可以将项目的复杂度提升到另一个等级，因为你可以在智能对象中再添加智能对象。有时这也被称为动态链接，对某些案例而言，这种操作方法能够让其受益匪浅。言归正传，我使用套索工具在鱼原有的眼睛周围画了一个选区。单击右键，在弹出的快捷菜单中（图 10.16）选择填充命令。（或者按 Shift+Backspace/Delete 快捷键也可以进行填充。）

在打开的对话框中，选择内容识别后点击确定按钮；选区被填补得很好，并且为青蛙眼睛的添加做好了准备（图 10.17），保存好后关闭文件。回到主要的合成文件中，可以看到最新复制的鱼的图层已经被更新了。

> 提示　在新的文件中编辑智能对象时也可以使用调整图层命令，Photoshop 会将这些图层作为智能对象的一部分进行保存。当回到主文件时，会发现调整图层成为了一个单独的智能对象。通过点击图层面板上的图层名称，从快捷菜单中选择编辑内容可以再次进行编辑。调整图层会和其余的智能对象一起出现。

图 10.16　使用内容识别进行填充的这种方法对于那些需要替换内容的案例非常实用，内容识别能够基于选区周围的环境合成无缝的背景。

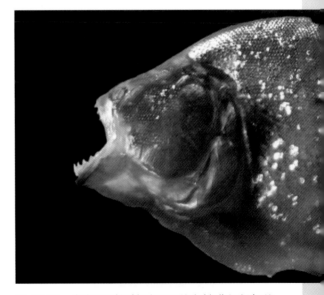

图 10.17　内容识别能够对周围的鱼鳞进行很好的融合（这个基因突变的鱼即将被放入火中）。

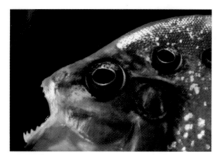

图 10.18 按住 Alt/Opt 键将图像拖动到新的位置上能够复制图像。

> 提示 巧妙地使用剪贴蒙版,这样可以花费更多的时间在其他的工作上。当你认识到它们的潜力时,就会频繁地使用它们。

现在的鱼没有眼睛,我需要从青蛙图像上摘取一只眼睛。快速地将其他的东西都遮盖住,只将凸出的眼睛部分保留出来,使用选框工具(M)按住 Alt/Opt 键在画布工作区内拖动图像复制出两个副本,而不是用移动工具进行移动。Photoshop 能够实时地进行复制,这一点点的变化能够让画面立即变得不同(图 10.18)。

因为 Photoshop CC 能够给文件夹使用剪贴蒙版,我也可以将所有新眼睛的图层都放置在一个文件夹中。选择所有的图层并按 Ctrl/Cmd+G 快捷键将所选图层编组到一个文件夹中,然后创建一个曲线调整图层再剪切给刚才创建的文件夹(选中曲线调整图层,然后按 Ctrl/Cmd+Alt/Opt+G 快捷键进行剪贴)。这样就能够对多个图层进行调整,而不需要使用三个曲线对三个图层进行同样的调整。在曲线调整图层上,我将亮部提亮、暗部加深,并在曲线上移动两个控制点直到每个眼睛都呈现出和鱼相同的对比度。

另外,还要在手指按压的位置添加上一些鱼鳞。添加的方法和复制眼睛时一样: 为了保证鱼的连贯性,我先做好蒙版,然后沿着鱼的边缘从鱼的其他部分复制内容。我知道这条鱼很快就要被火所包围,所以不会花太多的时间在鱼鳞图案的无缝拼接上。

步骤7: 火和水元素的使用

火和水本身就充满了魅力,但是它们的形状和颜色很难被控制(让其有恐怖的感觉),这个有趣的视觉元素却适用于任何场景。当使用火和水作为纹理时,不要忘记其物理性。通过图像观察它们本身的形态: 将光、暗部的形状、渐变、图案和随机的变化完美地混合到了一起。显而易见,在这些图像中不会出现火或水的图像,而是让这些图像与文件中的主要元素相结合。这也就意味着脸和手将被流动的曲线所覆盖,并且鱼鳞也会闪闪发光。

先从鱼开始,我不知道怎样能让发光的鱼鳞看起来是在火中,所以我对火的图像板进行了研究,挑选出了一些看起来和鱼的形状相似的火(图 10.19a 和图 10.19b)。

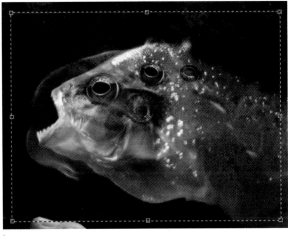

图 10.19　a 和 b　鱼在火中的效果，我发现 a 比较适合放置在鱼的头部周围让其成为发光的外部元素 b。

制作着火效果的常用方法

当火和其他对象进行结合时，可以使用以下这些技巧。

- 在选择形状时不要忽视拍摄的角度——就像拼图一样，所选图像正好与要拼合的区域吻合，而不是强硬地进行拼合。在这里可以使用旋转工具（R），它能够有效地将图层旋转到任何角度并且不会发生变形。按 R 键，然后单击拖动鼠标，就如同用手旋转拼图一样。双击旋转工具图标 ，回到默认的方向。

- 让其有流动感。火和水很像，水就如同皮肤一样能够将任何形状覆盖。然而当我们看到一个主体并且能够感知到它的运动方向时，希望用以拼合的火焰能够加强方向性的引导。在这个案例中，我发现了一些让火焰边缘具

有流动性的方法。

- 试着把火焰作为填充物，但不要过多。为了让观者看到火的自然状态，火焰不能太过于完美。

- 尝试着使用同等比例，让火焰感觉是连接在一起的而不是拼凑出来的。大的火焰边缘比缩小后的火焰边缘显得更加柔和。锐利的边缘会很快被我们的眼睛所发觉，从而会将整个画面的感觉破坏掉。

- 将火焰中与主题无关的内容全部遮盖住（在这个案例中，将火焰中与鱼无关的部分全部遮盖）。你可以将所有与主题相关的图层全部放在一个文件夹中，再给整个文件夹添加一个蒙版。关于蒙版和文件夹的更多内容请见第 12 章。

　　关于火的更多内容请看第 8 章。

水和火相同。在寻找水图像时，我主要是从形状的角度进行查找，让它能够与涟漪的形状进行很好的结合。有时会发现水的某一部分可以成为向右弯曲或关节发光的指尖。这个过程绝对需要眯着眼睛才能完成，它需要有巨大的想象力。我需要找到相匹配的水的形状，然后对这些图像进行完美的扭曲。最后我终于找到了一些带有三维立体感的涟漪图像，对其使用了蒙版并扭曲成了主体的形状（图 10.20）。

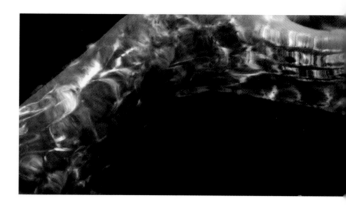

图 10.20 经过一番精心的搜索，虽然涟漪的形态是扭曲的，但当它们合并在一起时，效果非常好。

提示 花费时间寻找适合的纹理，然后用小尺寸进行拼合，就像是拼图用 1000 块拼比用 100 块拼的效果会好很多！

为了让水和火依然保留光照效果，我将每个水和火图层的混合模式都更改为滤色。第八章的火焰部分，在滤色混合模式下图层中比合成文件暗的部分会消失，而亮的地方会更亮（图 10.21）。这种方法对那些物体鲜亮、背景是纯黑色的图像特别有用。

图 10.21 将混合模式更改为滤色能够通过消除暗部让火焰和水变得更加闪亮。

步骤8：使用扭曲进行变形

在变形上 Photoshop 表现得十分出色，为此 Photoshop 中还专门设有变形工具。在使用移动工具（V）进行缩放和定位后，我会反复使用变形工具对水和火的选区进行变形，让手腕、下巴、手指和其他地方的曲线变得更加完美。

变形工具可以通过三等分网格和贝塞尔曲线对像素进行拉伸和弯曲（图 10.22）。在需要变形的图层上选择移动工具，然后在边框的边缘点击激活变形模式。在图像上右键单击，弹出移动工具的变形选项（图 10.23）。从快捷菜单中选择变形，通过推拉贝塞尔曲线的手柄和拖动交叉网格对图像进行压扁和拉伸的变形。

> **注意** 在选项栏中必须勾选显示变换控件才能使用移动工具的扭曲和其他的变形功能。

像水这样的纹理最好使用变形工具，在这里有几个技巧。

- 变形的拖曳就像黏土一样。手指下的部分移动得最多，而其余的部分会移动得比较少，但它们之间还是非常好地连接在一起。
- 通过移动变形手柄调整外边缘的曲线强度和方向，以调整整个图层的形状。例如，将一个图层弯曲成手指的弧度，只需要向弯曲的方向移动手柄。
- 不要移动得太多！在变形的过程中已经发生了维度的变化，像水的纹理，变形会导致图层变得扁平，并且丧失原有的纹理质感。

图 10.22 变形工具非常适用于像素变形。

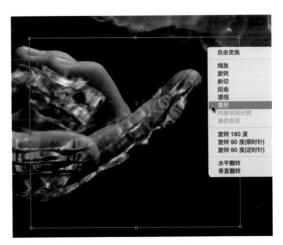

图 10.23 使用移动工具左键单击图层的边缘，然后立即右键单击，会弹出一个包含有变形选项的快捷菜单。

步骤9: 将鱼的色调变冷

现在虽然火里包围了一条鱼，但看起来仍然很普通，还是没有实现我想要的超现实的诡秘感。我决定无视观者的期望，让火热的暖色走向相反的极端：冰冷深海的蓝紫色调。色相/饱和度调整图层是我改变颜色的魔法工具。对我来说，场景中的单色调越多越具有梦幻感，并且还有一种整体的效果——另外当暖色突然变成了冷色，画面会变得更加迷人。

接下来，我决定同时给包含有鱼和火图像的文件夹调整颜色，而不是其他零碎的元素。我选中鱼文件夹，这个文件夹包含了所有和鱼相关的图层。在这个文件夹上创建一个新的色相/饱和度调整图层（在调整面板上点击色相/饱和度图标███），向左移动色相滑块直到所有的火和鱼都变成冷的蓝色调。为了只让鱼文件夹受到影响，通过点击调整属性面板上的剪切图标将调整图层剪切给下面的文件夹（图 10.24）。

> **注意** 当你创建新的图层和文件夹时，记住新的图层总会出现在当前所选图层的上方——除非文件夹在最上面，新建的图层就会在这个文件夹中。

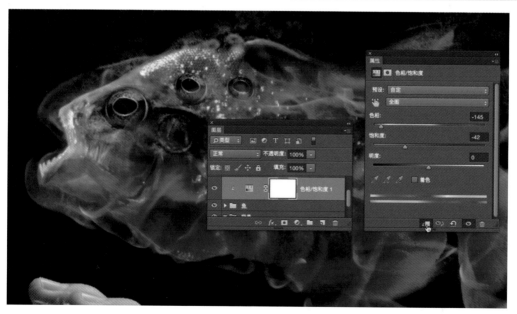

图 10.24 观察色相的变化其实非常有趣，但是剪切的调整图层只会影响调整图层下方的图层和文件夹。

步骤10：调整颜色其浓度不变

在将鱼的色调变冷后，还需要对整个组合的外形进行微调，让其有浑然一体的感觉。当然，最好是在元素完成修改、定位和细节的编辑后再进行此调整。在进行整体调整的过程中要保证整个画面的连贯性，这对合成来说非常重要。因此我决定创建一个新的图层，将合成中的剩余元素都变成与火焰鱼相呼应的硬蓝和紫罗兰色。

为什么不一次性将所有的元素都变成蓝紫色呢？虽然看起来好像是只多了一步操作，在进行整体调整和遮盖前最好将每个部分的颜色调整好。这样就不会让颜色在最后发生巨大的改变，并且不会因为缺少变化而变得扁平。在火的这个案例中，最好先让火焰和鱼鳞使用自然色的渐变，然后让颜色改变成冷色调，而不是直接进行全局颜色调整。

为了丰富画面，并且与鱼的冷色调相呼应，需要对整个画面进行颜色调整。为此我创建了一个新的空白图层，并且将它放入了效果文件夹中。然后使用油漆桶工具（G）将整个图层都填充为宝蓝色。在第一次这样做的时候，可能会让你有些许的不安，就好像是将一罐油漆全部打翻在画布上。但是只需要再改变下混合模式就可以实现效果了。准确地说，我将蓝色图层的混合模式更改为

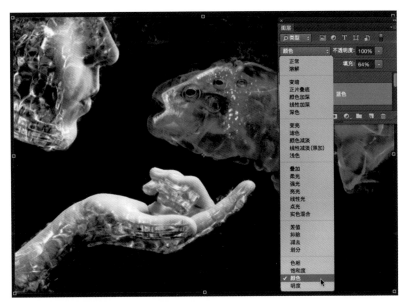

图 10.25 颜色混合模式能够进行自定义的颜色添加，但是表现得过于强烈，所以最好将图层的透明度降低一些。

颜色混合模式，转瞬间其他的图像都显现出来了，只是都变成了蓝色（图 10.25）。将混合模式更改为颜色混合模式就如同将这个图层的颜色添加到了画面中，即使这个图层没有颜色或者只有很少的颜色也可以，例如灰色调比较多的不饱和区域就像是水低饱和度的效果。颜色混合模式的颜色一开始总是太过于强烈，需要在不透明度和蒙版这两个方面进行调整（如同这个案例），所以在一开始我就将不透明降低到 75%。为了便于更好地进行控制，我将填充降低 64%。

通过火焰和鱼鳞色相的改变，鱼已经变成了冷色并且颜色变化也很微妙。所以我还要给这个颜色图层添加一个蒙版，将它应用于除鱼以外的背景、脸和手的图层上。移动色块改变色相和使用混合模式填充单色这两种方法比较起来，使用混合模式会让画面看起来扁平并且不太自然，而我们希望火焰能够更加具有动感——即使是蓝色的火焰！

> **注意** 在合成时，调整好每个主要元素的大小和位置后，再根据整个画面的需要添加蒙版做整体效果的调整。或者，对文件夹中的图层使用剪贴蒙版，分别对每个图层进行调整，就像我在鱼的部分做的那样。

其他颜色的添加也是一样（使用蒙版，然后改变混合模式），另外添加两个图层，一个是鲜艳的深红色，另一个是高尚的紫罗兰色（图 10.26）。将这两个图层的混合模式更改为叠加混合模式而不是颜色混合模式，叠加混合模式除了添加颜色之外还可以调整色调，因为叠加混合模式的颜色改变不会像颜色混合模式的颜色改变那么强烈（关于混合模式的更多介绍请见第 3 章）。可以分别在每个颜色图层的蒙版上用黑白画笔进行涂画。按 X 键快速地切换前后背景色，注意先按 D 键将前后背景色重设为默认的黑色和白色。先对这两个图层的蒙版进行反相（在蒙版创建后按 Ctrl/Cmd+I 快捷键进行反相或者按下 Alt/Opt 键点击添加蒙版图标），这样能够更好地保证每个颜色的位置，鱼的部分也不会被遮盖住。

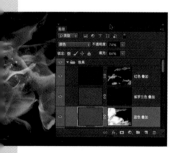

图 10.26 这三个图层主要控制着整个画面的色彩。为了能够分别进行调整每一个图层都有自己的蒙版。

步骤11：幻光画笔

　　没有魔幻光点的超现实是不完整的。为嘴和头部绘制流动光束，创建一个新的空白图层，将它放置在效果文件夹中，且一定要放在颜色图层的下面，这样用白色画笔绘制的部分会被上面的颜色图层所着色。创建画笔的散布效果，使用基本柔边画笔，然后在画笔属性面板上勾选形状动态、散布和传递选项（图 10.27）。使用手绘板（或者其他压力敏感的平板电脑）也可以通过改变钢笔压力、改变笔刷的形状和不透明度，这个笔刷非常适用于图像周围小的光点的喷绘。

　　这时再添加上图层样式的外发光，效果会更加完美。给散布画笔涂画的白点添加上发光效果，能够增强作品的超现实感，并且可

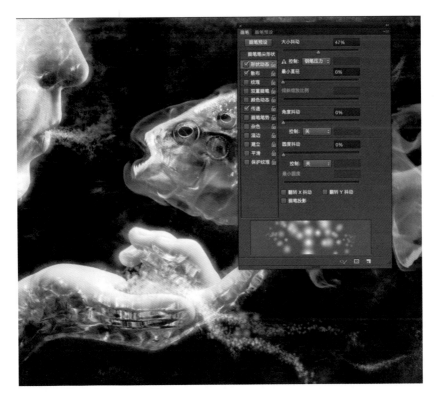

图 10.27　即使是一个圆头的柔边画笔，也可以使用画笔属性面板将其修改成有趣的动态画笔效果。

> 提示　如果不用手绘板依然想创建变化的动态画笔，可以将形状动态上的控制设置为渐隐，值为100，最小半径设置为20%。虽然这不会完全与手绘板实现的效果相同，但也会创建出一种渐变的效果，从笔触开始的方向向其他方向渐变。

以让笔刷的笔触显得不那么平。在图层面板的底部点击添加图层样式图标 **fx.**，添加图层样式（图 10.28）。不要让外发光的效果太过夸张，要把画笔点的颜色和厚度限定在一定的范围内。

步骤12：发光效果

　　画面中的边缘一定要非常柔化，就好像这光芒来源于发光的元素。最后，我要在效果文件夹中再创建一个新的空白图层并命名为发光。将画笔切换成圆头柔边画笔（不透明度在 5%~10%），在需要柔化提亮的部分进行涂画，例如头、脸还有水中亮的地方（图 10.29）。这样不仅能够增强光的亮度，而且柔化的边缘还能够给画面添加更多的梦幻感。

> 提示　添加一点闪光的效果能够使发光看起来不那么均匀。光过于均匀的话，闪光的效果就不会凸显，因为这样所有的东西看上去都太一样了。

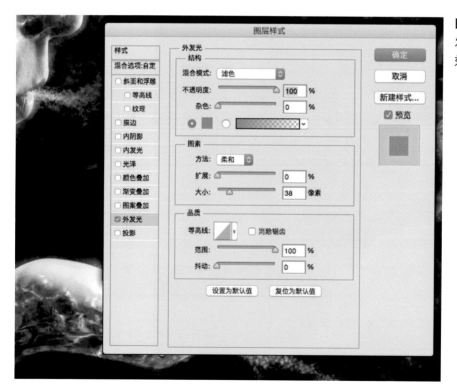

图 10.28　添加了外发光图层样式的画面效果充满了魔幻感！

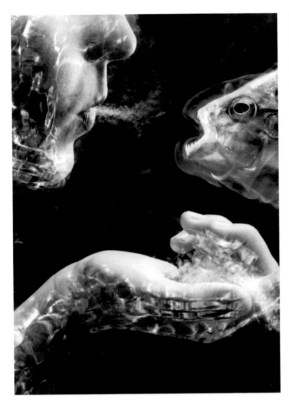

图 10.29　比较添加发光图层的前后效果——一个小小的图层就会产生如此大的影响！

小结

　　使用火和水这样的纹理是非常难的，需要小心谨慎，但结果还是值得的。这是一个用日常的照片进行创意想象的非常好的案例，在这个案例中对一条奇怪的长着青蛙眼睛着着火的鱼只需要吹一口气，就这么简单。这个创意也可以使用在其他的案例中，用颜色控制纹理，从原图上寻找灵感，平凡的生活立马会变得与众不同。要不断地尝试追逐创造超现实的梦想，一步一步地把它变成现实。

马里奥·桑切斯·内瓦多
http://aegis-strife.net

马里奥·桑切斯·内瓦多是西班牙的自由插画师和艺术总监。他的工作室主要从事封面的数字艺术设计、音乐包装和全球出版物的设计。马里奥是少数几个在连续两版Exposé中获得大师奖的插画师，他的作品在纽约的时代广场和创意崛起上进行过展览。虽然他的作品中充满了惊悚和超现实的场景，所传达的信息却具有启迪性。

在你的作品中你是如何运用色彩的？它在你的作品中起到了什么样的作用？

在我的插画中颜色是非常重要的，我用它塑造氛围。因为对我来说，第一视觉的情感影响是非常重要的。我通常会先创建出一个和谐的环境，然后把焦点元素变成补色或对比色。这样它们就能吸引住观者的注意力，让观者按着我所预想的流程顺序阅览整个图像。我特别喜欢红色调，尤其是与蓝色形成的对比。

你是如何在这样小的平面图像上创造出如此大的景深的？

尽可能地使用中性的平光照片，因为没有强烈的影子投射，比较易于创造。然后在照片上手绘出光线的效果，直接在原图上添

垂死的愿望，2007 年

▶背叛，2012

沉思，2012

伪装，2013

冷漠，2011

加让它与环境相融合，就好像真实地发生在这个环境中。重点是时刻记住要有景深感。

你创意的过程是怎么样的？

有两种情况。大多数是自发的。我坐在电脑前，让想象力自然流入，然后在画布上丢一些东西看看效果。当我有了想法之后，就开始构建幻想的场景，对元素进行改变、添加新的内容或将部分环境删减掉。另一种就是用具体的方法进行构想。所以会有一系列的草图和需要的资源文件，然后选择出相关的图片并在 Photoshop 中进行合成。

什么是你的秘密武器，是 Photoshop 中的工具还是 Photoshop 中的其他功能？

嗯，说出来可能会让你很吃惊，这么多年来我发现画笔工具能够完成我所需要的一切。当你进行高级润色时，最好手工地一点一点进行细化，例如绘制出光线效果和粒子效果等。

你的作品通常会有多少个图层？

我的插画虽然创意简单，但是画面比较复杂，有点像巴洛克的风格——通常简单的作品也不会低于 40 个或 50 个图层。我经常使用很多调整图层，所以我想最复杂的也就是到大约 500 个图层。

你的素材来自于哪里？

我喜欢自己拍照或自己画。我经常旅行摄影，所以我有很多风景、纹理和其他照片。当然，我也会向许多朋友寻求合适的素材。但是很难能找到所需要的，所以有时不得不去收版权费的图片库网站，有免费的也有收

涅槃，2012

费的，但是我会尽量使用自己的资源图片。

你对这个行业的其他从业者有什么经验和建议吗？

引自多丽丝·莱辛的一句话，"做天才容易，难得的是坚持"。查尔斯·布考斯基说："找到你所爱的，为它粉身碎骨。"没有比这两句话总结得更好的了。

作为一个艺术家，你最大的成功是什么？

能够以我最喜欢的事情作为谋生的手段。同时，它还让我更深入地了解了自己和自己所生活的环境。▪

第十一章

求你了，快让爸爸下来！

本章内容：

• 用 Adobe Bridge 整理照片

• 编辑 RAW

• 调整选区

• 绘制蒙版

• 剪贴蒙版

• 使用调整图层实现无缝拼接

• 用仿制图章工具进行修复

• 色彩调整和光照效果

许多家长都觉得自己的孩子很神奇，但是如果宝宝真的有了超能力会怎么样呢？

一天晚上，在将宝宝哄睡之后，我很快有了一个很有趣的创意。第二天早上，我就心血来潮地把这个想法变成了现实。顺便要说的是，最好提前把你的计划告诉室友。在制作这个案例时，我真的应该提前把我的构想告诉妻子艾琳，当她从楼梯上下来时看到我正坐在我儿子凯伦的高脚椅上摆姿势，立马是一副震惊的表情……而且高脚椅还立在桌子上。

很快地艾琳也参与了其中。一上午我完成了所有的拍摄，并且当天就完成了《求你了，快让爸爸下来！》这个作品的创作（图11.1）。从表面上看，这是一个练习选区和蒙版的案例，但是它也显示出了构思的重要性。如果没有草图和前期的准备，这个作品是不可能完成的。

▶ **图11.1** 在《求你了，快让爸爸下来！》这个作品制作过程中的人、猫和宝宝都没有受到伤害。就是植物被弄得有点凌乱，不过现在已经完全恢复了。

合成前的准备

每一个合成作品都有自己的难点，但成功的关键在于主题—对象—背景之间的关系。以《求你了，快让爸爸下来！》为例：

- 使用三脚架。
- 使用大的记忆卡，拍摄RAW格式的原片。
- 使用定时曝光控制器（计时的远程控制器）。很多单反数码相机都可以使用，即使是简单又便宜的定时曝光控制器在自拍时也可以节省大量的时间（图11.2）。

图11.2 当摄影师也兼任被拍对象时，使用定时曝光控制器能够节省大量的时间和精力。

- 设置好光线和曝光速度，不要更改。
- 让道具场景保持干净。
- 在拍摄道具时，对各种角度尽可能地多拍。你永远不知道哪个适用哪个不适用，到时后悔就太晚了！
- 在拍摄宝宝或儿童时，要使拍摄充满乐趣并且动作要快。拿一些玩具或者一些好玩的东西去逗他们，最好能有个伙伴帮忙。

- 做好再来一遍的准备。在第一次拍摄后，拍摄的效果可能会和想象的有所不同，所以研究下已经拍摄好的照片，看看如何加以改进。如果需要的话再来一次，最后你会发现获得了巨大的提高，因为在不断的练习之后你能够更好地构想出整个场景。

> **注意** 登录 peachpit.com，输入此书书号就可以观看拍摄和制作过程的视频短片。注册后，注册产品的账户页面上就会出现链接的文件。

步骤1：构思场景

不要低估构思的重要性。在那天晚上我绘制出了大概的草图（图11.3），对灯光、

图11.3 布置时既要考虑到角度，也要考虑到光线。在拍摄的过程中进行调整也可以，但至少要从一开始就想好。

合成、透视、玩具和很多细节进行构思，这样在拍摄的过程中就不用再考虑这些了。

所以，要勾勒出创意。无论是粗糙的草图，还是细致的每个细节，都一定要包含以下内容。

- 光的位置和方向
- 视角和镜头大小（不要使用微焦镜头、广角镜头或长焦镜头）
- 场景的大致安排和氛围

图 11.4 展示了《我们养育了一个超级儿童》系列的草图，另一个是最后的效果图（图 11.5）。

图 11.4　草稿与最终效果图（图 11.5)的对比。

图 11.5　虽然与原设想有些许的不同，但草稿让我十分清楚我该如何开始拍摄，哪里应该放置灯光，凯伦应该放置在哪里。

步骤2：开始拍摄

加法比减法好做，所以一开始就可以随意添加。虽然可以使用内容识别填充和仿制图章工具进行修复，但是为什么要花半个小时修复，而不是花几秒钟好好设置一下再拍摄呢？为 Photoshop 节省点精力，像不得当的开关位置和难看的地毯重新拍摄的话会更快。以《求你了，快让爸爸下来！》为例，我提前将场景中的所有家具和道具（除了桌子）都清除掉了（图 11.6）。

在这个案例中，我花费了很多时间来寻找最佳的视角和广角角度（15mm 的镜头采用的是 APS-C 画幅的传感器，而不是全画幅的）以拍摄出完美的场景。我想让视角更加低一些，让观者能与宝宝的视角相一致。

曝光设置

最后，在开始前检查曝光设置和定时曝光控制器，在必要时进行调整。在手动模式下锁定所有设置（包括白平衡），以免拍摄时发生变化。这张照片采用的是逆光拍摄，让早晨透过窗户的明媚光线作为主光。我的想法是，拍摄这个场景时通过控制反差来形成剪影的效果。我让窗户部分曝光稍微过了一些，但同时保留了阴影部分的细节。使用 RAW 格式拍摄，可以为

图 11.6 一定要拍一两张空白图像作为背景以便与其他图像进行层叠。

图 11.7 想要在高反差条件下寻找光影之间的平衡并不简单，但还是可以做到的。如果这些图像很重要的话，千万不要让高光溢出。

后期处理提供足够的像素支持。你会发现我的许多原片在拍摄时都会有些曝光不足（图 11.7）。好像我当时应该有带额外的光源，但后来没用。如果使用我的光源设备，

会吵醒艾琳，所以我只使用了手里现有的器材。拍摄时总会遇到各种难题，因此在保持创造性的同时要尽可能做到最好。

> **提示** 在阴影处总是有噪点——但这并不是高光溢出！尽管 RAW 格式可以帮助调整高光，但不要总依赖它！

拍摄每张照片时，设置每 5 秒的定时曝光可以让我有足够的时间像个疯子一样跑过去，手里还拿着东西。（凯伦觉得这很滑稽。在某种程度上，我也是这么认为的）。如果是在给孩子拍摄，那么 5 秒钟可以发生很多事。给凯伦拍照时，我缩短了按快门的时间，设置为 2 秒。缩短定时曝光，增加拍摄频率，可以更多地捕捉住孩子的精彩瞬间。

步骤3：摆放物体

摆放物体听起来很容易：你只需要在拍摄前跑过去拿着东西不要动。但实际上并非如此，你不仅仅要对准位置，还要让物体所有好的一面朝向镜头并确保最后合成时能够使用。这里也有一些技巧。

- 不要让自己出现在背景里。虽然使用 Photoshop 能够将你从物体后移除，但是这并不意味着你应该出现在物体背后。将自己抽离出去需要花费一些

时间，也许最后的效果看上去很好笑。总之，站到一边去！

- 拿道具时尽可能地从后面拿住或尽可能地抓住它的边缘，用自己的余光观看对象。如果能从后面或边上抓住道具，那最好。这样会得到很好的效果，并且清除起来会很方便。另外，多拍摄一些拿着物体不同边缘的图像也有助于问题的解决。当进入后期制作时，就可以把最好的部分拼接在一起。

- 道具的摆放必须多样。当你走到场景中悬空拿着物体，可能会认为这样已经让物体的显示有了很大的不同。事实上，可能不是这样的。如果每次拍摄时你不站在摄影机后面，就不会知道道具的位置是否正确——尤其是景深和方向——也无法预想出最后的结果和整体构图。最简单的方法就是多拍，直到你找到诀窍！这些场景我已经重拍了无数次，继续拍。

步骤4：挑选最佳图像

将图像导入电脑后，登录 Adobe Bridg 开始整理照片——选择用于合成的图像。在这一步中，我使用的是胶片工作区（从选项栏中选择）。胶片工作区能够

逐个翻阅缩略图进行并排比较，按住 Ctrl/Cmd 键能够同时选中多个缩略图。

在这个阶段不要删除任何图像，使用 Adobe Bridge 的评级功能进行分类，选中一个图像，按住 Ctrl/Cmd+[数字键 1~5] 标记出一星到五星不同的星级（图 11.8）。然后就可以按着星级进行分类；例如按 Ctrl+Alt/Cmd+Opt+4 快捷键或者在工作区名称的右侧点击星级筛选图标就可以查看所有四星和四星以上的图像（图 11.9）。

下面是我的评级原则。

- 5星：能够使用的最佳图像
- 4星：在最后合成时效果很好，但还

提示　如果拍摄的照片都是 RAW 和 JPEG 格式，在图像评级前，用筛选器筛选出所有 RAW 格式的文件。这样就可以只比较 RAW 格式的文件，而不会有 JPEG 文件。如果还是太乱的话，可以把 JPEG 文件放到一个单独的子文件夹中。

不确定，需要尝试下才能知道

- 3星：在找不到适合的图像时，可以使用的图像

我从来不用 3 星以下的图像，所以也不会标记到最低的等级。在显示出 4 星 (Ctrl+Alt/ Cmd+Opt+4) 和 4 星以上的图像中进行最后的挑选，如果想要更多选择的话，也可以将 3 星的包含在内。

图 11.9　根据星级评级筛选出最佳图像。

图 11.8　Adobe Bridge 是进行图像分类和评级的最理想的工具。

步骤5：编辑RAW

整理完筛选的图像后，开始编辑。按 Ctrl/Cmd+A 快捷键全选，然后在图片上双击打开 Photoshop 的 Camera RAW 编辑器进行编辑（图 11.10）。

在 Camera Raw 编辑器中，使用批量处理能够加快工作进度。例如，这些照片大部分都太暗了。将它们全部选中，然后用 CS5 中的补光功能将阴影提亮，现在在 CC 中叫作阴影（图 11.11）。当阴影和高光分布均匀时，就是图像滑块的最佳位置。在亮部和暗部尽可能多地保留细节，同时

> 提示　如果拍摄的是 JPEG 格式，但还想用 RAW 编辑，在所选中的图像上右击从快捷菜单中选择在 Camera RAW 打开。因为 JPEG 文件已经被压缩，和真实的 RAW 图像的调整相比可用的滑块非常有限，尤其是高光和白平衡。

还要有一个良好的对比。

当图像在 Camera RAW 中完成编辑后，点击完成而不是取消或打开。点击完成后能够无损地保持滑块的位置，不会让所有的图像立刻在 Photoshop 中全部打开，而是可以在以后的时间里自主地选择要打开的图像。在 Photoshop 中打开太多的标签很容易会一团乱，要尽可能有效地进行控制。

图 11.10　在 Photoshop 中 Camera RAW 编辑器能够进行无损编辑，并且还可以批量处理。

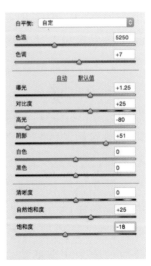

图 11.11　Camera RAW 的滑块可以对全部的图像进行调整，被选中的图像会显现在左边。

步骤6：干净的背景图像

找一个干净、均匀的背景图像非常重要。照片上不能有道具、人物、宠物和土豆等，因为它是做背景用的。在《求你了，快让爸爸下来！》这个案例中，我将标有五星的图像放在了这个空的背景中（图 11.12）。双击先在 Camera RAW 中打开，然后点击打开把图像 打开图像 置入 Photoshop 中进行合成编辑。

图 11.12 这是一个有五星等级的空的场景照片。

步骤7：整理

当你搬到一个新家时，会把箱子放到相应的房间；但当你要打开箱子拿出东西时，会发现主卧中放的是装有厨房用具的箱子，这样提前放置箱子就变得毫无意义。把你的构想想象成家。下一步就是置入其他的对象和图层，建立文件夹，就像是把箱子搬到相关的位置上。虽然每一个标注都不同，但在这一点上没有可商量的余地：从一开始就做好标注和整理！在这个案例中，我很快地为合成的各个部分建立了文件夹（图 11.13）。有了这样一个结构关系，就可以毫不犹豫地根据景深安排元素的位置了（前景、中景和后景）。记住对象后面的图层，像背景图层，要放在图层堆的

图 11.13 当案例变得越来越复杂时，创建文件夹能够让工作井然有序。

最底部。

叠加在其他图层上的图层是最先可见的，图层面板是根据图层从上到下的顺序显示的。

当对图像进行分组时，下面是一些整理的技巧。

- 如果有图层要在其他图层之上，那就计划把它们放到文件夹中。要知道，最先看到的是最上面的图层。如果图层间不会产生冲突和影响，那就不管它们之间的前后顺序。

- 效果文件夹必须在所有文件夹和图层的上面。这个文件夹会影响整个画面，

所有的整体调整命令全部包含在这个文件夹中，像光线效果。

- 用颜色进行标记。我用得不是很多，但当用的时候真的很有效！

- 在第二章中讲过，尽可能给每个图层命名，或者至少也要给文件夹命名。使用默认名称好像看上去是在节省时间，但当你想知道调整图层 47 是什么内容时实际上会花费更多的时间。

- 给 Photoshop 文件命名后，再把它保存到你能找到的位置。就像文件夹和图层，如果找不到你要找的内容，那就很糟糕了。

步骤8：再次选择

像这类合成，我比较喜欢在开始拼合前将所有要用的元素放置在一起，就像在拼图前要将所有的单片都面朝上放置。这样一来，我就可以看着它们，尝试着把它们放置在不同的位置上。在这个案例中，我用 Adobe Bridge 作为我合成的图像板，不断地折返于 Adobe Bridge 和 Photoshop 之间，将这些单片置入合成的文件中（图 11.14）。从凯伦和我的图像开始，在把它们于 Photoshop 中打开前和在进行步骤 9 前，我发现有很多可用

图 11.14　从分好类的图像中再选择出所有可用的图像，这里我已经将主要对象的所有最佳照片都挑选了出来。

于合成的图像。我不想把所有可用于合成的图像都放置在 Photoshop 中，因为标签太多的话会很混乱。可以数量相对少地打开同类图像（同样种类的图像），这样既能让操作变得井然有序，又能够更快地寻找到最佳图像。在将这组图像复制粘贴到合成文件中后（步骤9），关闭它们在 Photoshop 中的标签，回到 Adobe Bridge 中再寻找下一组图像（像玩具的图像），然后也把它们放入 Photoshop 中，单独建立文件夹。

提示　可以置入更多的图层，然后在 Photoshop 中关闭它们的可见性。这样就能够将它们保留在手边，直到你确定它们的确是毫无用处时再将它们删除。

步骤9：复制和原位粘贴

在同一个视角上拍摄的照片会更加易于拼合，而不是剪切、粘贴、刻意地重新安排图像的位置。在同一个视角上拍摄的图像可以使用原位粘贴 (Ctrl/Cmd+Shift+V) 功能，将复制的选区原位粘贴到与拍摄地点相一致的合成文件中。

以我为凯伦添加背景为例。如图 11.15 所示，我用矩形选框工具（M）在他的周围框了一个大的矩形。选区建立后发现有点

脏，四周会带有大块的背景环境，之后还需要使用蒙版进行无缝混合拼接。

按 Ctrl/Cmd+C 快捷键复制出大致的选区，然后回到合成图像的标签中；按 Ctrl/Cmd+Shift+V 快捷键将凯伦原位粘贴到背景中，粘贴后的位置和剪切时的位置相同（图 11.16）。

注意　尽可能不要让你的工作区域变得凌乱：从原图复制完图像时要关闭原图标签。

图 11.15 我喜欢用矩形选区，因为在对象周围会有多出的部分可以用于混合。

图 11.16 使用原位粘贴将选区顺利地粘贴到所需要的位置上。

对剩余的元素重复此操作（不断地折返于 Adobe Bridge 和 Photoshop 之间），使用原位粘贴将所有需要的元素置入合成文件中，然后保存。将所需要的一切都载入了一个文件中。与那些用不同图像、不同选区和不同对象进行的合成所不同的是，这个案例中所有的图像都是在同一个空间、同一个光源和同一个相机位置上拍摄的。正因如此，我才能快速地将可用的图像全部置入背景中，为了画面的整体效果开始进行修整。在使用蒙版进行遮盖时会花费掉一些时间，这可能会让你感觉有点不太习惯。

步骤10：调整选区

此时，你面临着两个选择：在使用蒙版前继续用选区工具调整边缘，或者直接在图层蒙版上用黑色和白色进行绘制。做好的选区能够一直使用，但是绘制蒙版能够更好地控制图像。缺点是在图像上直接绘制选区要考虑到边缘周围的角落和缝隙，这样会花费很多时间——如果这个图像不被使用就会浪费掉更多的时间。

这两种方法你如何进行选择？下面是我做选区的一些原则。

● 让粘贴的图像能够四处移动，例如在选择出最佳的组合前你需要对各种组合有一个大概的了解。

● 还有一些其他图层要与这个粘贴的图层无缝地叠加在一起，尤其是要叠加在这个对象的后面。

● 对象的选区简单，比绘制蒙版节省时间。

另外，如果粘贴的图像不符合上述原则的话，可以直接跳至步骤11。

为图像制作选区，我根据需要选择不同的工具。悬空的对象，

我会使用快速选择工具（图 11.7）。如果
这个工具不能很好地完成选区，连同附属
物也一同选中了，磁性套索工具能够让选
区更加明确（图 11.18）。

图 11.17　快速选择工
具速度真的很快。

> 提示　有时通过背景选择对象更加容易。选择背景，
> 在选区单击右键从快捷菜单中选择反向。

图 11.18　磁性套索工
具能够更好地界定选区。

　　使用边缘调整工具能够让选区更加均
匀（这样在遮盖上能够节省一点时间和精
力）。例如，我选择了一辆公共汽车，然
后点击调整边缘按钮（在选项栏中间的位
置）打开调整边缘对话框（图 11.19）。

　　在调整边缘时，要注意以下三点。

- 羽化选区。关键是图像的焦点要与模
  糊程度相匹配，以避免出现拼贴的效
  果。如果图像大约有 2 个像素的模糊
  度，那么羽化也 2 个像素。如果模糊
  有 3 个像素，那么羽化也 3 个像素。
  然后，放大近距离地进行观察检验羽
  化大小是否合适。

图 11.19　调整边缘命令在整理选区时真的很神奇。

> 提示　为不产生虚边和杂点，在进行遮盖前，可改变
> 背景以便能够清楚地知道哪部分要做选区，哪部分不
> 要。按 B 键背景会变成黑色，按 W 键背景会变成白色，
> 按 L 键只会显示出背景图层。

- 移动边缘到负值，选区会向里内缩，
  这样可以避免产生虚边。在糟糕的
  合成中，虚边会显得更加明显；即
  使我们的眼睛辨别不出是哪里错了，
  但它们还是能够感知到错误。通常
  不向里移动边缘的话，会产生很小
  的像素虚边。

- 它不一定会非常完美。我的方法就是
  再在它的蒙版上绘制，具体操作将会
  在下一个步骤中看到。

步骤11：添加蒙版

在合成中，蒙版就是幕后的魔法。为了给公共汽车这个图像实施魔法，我在图层面板上点击添加图层蒙版图标 ，给这个图像添加了一个蒙版（图11.20）。

这时调整玩具选区，告诉Photoshop保持这个区域可见，除此之外的其他区域都不可见。这仅仅是个开始，因为它总是需要一些手工的绘制才能得到最后完美的效果。

图11.20 点击添加图层蒙版图标给选中的图层添加蒙版。

步骤12：绘制蒙版

在绘制蒙版时我有一个原则：我总是用黑貂色的柔边画笔。例如，在去除我漂浮图像的背景时，我用小号的柔边画笔（硬度设置为0）将不需要的部分涂画掉（图11.21）。

在蒙版上用硬边画笔涂画就会显得很拙劣，就像是用粗笨的剪刀做的粗糙的拼贴。相反，让画笔更加柔化能够更好地进行无缝拼接。

当你需要画笔边缘更加锐利一些时（因为很多时候会如此），可以改变画笔大小。这样可以更加灵活地使用画笔，千万不要使用大号的硬边画笔。画笔越小，边缘越

柔边小号画笔

图11.21 为了能够更好地进行融合，最好使用柔边的画笔绘制蒙版。

清晰，涂画起来才能越灵活。

下面是使用画笔的一些技巧。

● 按斜杠键（\）蒙版就会以红色显示

图 11.22 在给我自己绘制蒙版时，要使用和照片模糊度相同的柔化半径的小号柔边画笔。

图 11.23 凯伦的蒙版需要进行混合，所以可以使用大点的画笔（仍然是柔边画笔）。

出来。不要在蒙版上留下任何污点！现在可以非常清楚地看到长时间的涂画后，留下的那些讨厌的像素杂点。

● 在绘制蒙版时，按 X 键能够对默认的黑白背景色进行前后切换。记住，黑色是擦除，白色是还原。

● 不要让画笔半径比原图的模糊度更加柔化或硬化，这样做的后果会使拼合看起来非常假！对于那些不模糊的边缘，可以使用柔边画笔，通过改变画笔大小进行调整。

● 在遮盖大面积区域时调整画笔大小。按右括号键（] ）画笔变大，按左括号键（ [）画笔变小。

我直接在凯伦和我自己的图像蒙版上进行绘制（图 11.22 和图 11.23），不用提前做好选区。在凯伦的这张图像上，重点是要用画笔轻轻地绘制出投影。而且，因为其他的一切都与背景完全匹配，所以没有必要制作出具体的选区。这样可以节省时间！

步骤13：给调整图层使用剪贴蒙版

想象一下，当你不小心把拼图中的一个单片放在了窗台上，被阳光照得褪色了。当它拼合到拼图中时，与其他的单片比较起来，会显得很不适合。在合成时，有时也需要就一个部分、一个图层进行调整，而不是它下面的其他图层。剪贴蒙版就能够让剪切图层只影响需要调整的部分。

这种合成中（同一个视角，同一个场景位置，同样的光源）的大多数图层都能够完全地融合到原背景图像中，

图 11.24 注意宝宝图层的光线与背景图像中的光线有所不同。

图 11.25 轻微地调整曲线就可以将图层提亮。

图 11.26 剪贴蒙版在做选择性调整方面表现得非常出色。

但是自然光线会随着时间发生改变；根据你（更重要的是你的影子的位置）和每个对象的位置，可能会改变得更多。为此可以使用剪贴和一些系列细微的调整让每一个图层的拼图单片都能够更好地进行合成。

　　例如，我需要调整宝宝图层的亮部和暗部。当把凯伦的图像放置在背景图像中时，发现光线有所不同，似乎有点偏暗又有点发蓝（图 11.24）。首先使用曲线工具进行调整。

　　先调整亮部和暗部，在用曲线调整完对比度后再调整颜色。在调整面板上点击曲线图标，添加曲线调整图层（图 11.25）。

　　只作用于一个拼图单片的秘密就是：添加剪贴蒙版！这样就可以使调整图层不会对其他图层产生影响。按 Ctrl+Alt/Cmd+Opt+G 快捷键将选中的调整图层（曲线调整图层）剪切给下面的图层（宝宝图层）。曲线调整图层也会使用下面图层的蒙

图 11.27　与使用调整图层前的图像图 11.24 进行比较。

版，只对下面图层中可见的部分产生影响（图 11.26）。一旦你掌握了这种方法，就可以将选择的调整图层和效果剪切给任何场景。

　　在实际调整中，除非你想要非常强烈的变化效果，否则就让曲线变化的幅度小一些。相比较于背景图像，超级宝宝的图像有点曝光不足，所以使用曲线轻微地进行调整。图 11.27 是最后调整的结果。

接下来就是调整颜色。用曲线调整完亮部和暗部后，我将属性面板中的颜色调整图层剪切给宝宝图层，使偏蓝的色调变得亮一些（图11.28）。但这并非最好的效果，使用混合蒙版不易于色调的均匀调整。如图所示，为了使用大的样品区域进行调整，我暂时将蒙版停用（按住Shift键点击蒙版停用或启用），以便于最后效果的查看。现在能够看到我的颜色调整有点偏红，蓝色又有点少，为了能够与背景相一致再次进行调整。

仅需要几个小的调整，宝宝图层就已经非常好地与背景融合在一起了。这个调整的过程就是我所说的在合成中进行图层的调整。

在示范的过程中，我禁用了图层蒙版，所以调整完成后要再次启用被禁用的蒙版——完美地进行拼合（图11.29）！

对整个合成中需要的图像，我都做了类似的调整。有些图像还可能需要使用到更多的调整命令，通常会用到色相和饱和度。但像露出的手的部分不仅仅需要遮盖，甚至还需要使用仿制图章工具进行修复。

图 11.28　第二个剪切的图层是为了去除蓝色调，不会影响其他剪切图层的调整。

图 11.29　使用这两个调整图层后拼合的缝隙几乎看不到了。

版，它们也依然可见。仿制图章工具（点击图标██或按 S 键）就能够将这些露出的手全部去除。

使用仿制图章工具的秘诀就是"小"。很多失败的案例中都有着相同的缺点：克隆的区域太大，当不断重复后图像就变得很混乱。关键是要

步骤14：使用仿制图章工具去除指印

无论你如何小心地抓道具，都会有几个手指甚至是一整只手露出来，就算是使用了选区和蒙

让克隆出的多个部分拼合在一起时看不到拼接的缝隙。下面是改善的一些方法。

- 使用柔边画笔。
- 让取样点和画笔尽量小一些。
- 不断更换取样点以避免出现明显的重复特征，从多个区域进行取样能够融合得更好。
- 一直使用小的画笔！这样能够避免克隆出的部分太过于一致，并且也可以避免克隆的取样点跑到不需要的区域。

在《求你了，快让爸爸下来！》这个案例中，我需要把破坏画面的手从椅子下面去除（图 11.30）。

更多的克隆技巧请翻阅第二章，但在此我进行简单的讲解。我将取样点放在小的区域上，按住 Alt/ Opt 键点击。用小而细致的画笔一块一块地将椅背修复起来。我在周围不断地移动源目标，以避免出现明显的重复像素（图 11.31）。最后餐桌椅下面的手没有了（图 11.32）。

不需要的手

图 11.30 仿制图章工具能够将多余出来的手去除掉。

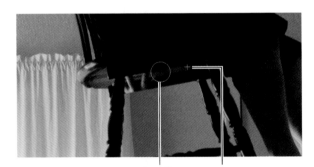

仿制图章画笔　　**取样点**

图 11.31 目标源的位置越多，效果越好，尤其是将两边混合到一起时。在这里，两个手指几乎已经消失了。

图 11.32 我的手已经从椅子上拿开了。

步骤15：多种方法的结合

有时仅使用仿制图章工具，或任何一种单一的方法都不够。下面以我头上的阴影为例（图 11.33）。

我坐在桌子边的高脚椅上，拍摄了许多不同角度不同高度的照片（图 11.34）。当我不断反复重新回到悬空的位置上时，阴影也会跟随着不断移动和旋转，即使是使用大量的仿制图章也无法解决这一问题！这时我就需要使用更多的操作。

按住 Alt/Opt 键将图层在图层面板上向下拖动，复制出一个我坐在高脚椅上的图像（或者选中图层后按 Ctrl/Cmd+J 快捷键进行复制）（图 11.35）。接下来绘制蒙版将我和阴影全部去除掉，然后用移动工具（V）根据正确的透视角度对阴影进行旋转（图 11.36）。

为此，我再次使用了曲线调整图层和颜色调整图层的剪贴蒙版。

图 11.33 去除我头上的阴影需要使用到更多的操作，仅靠单一的仿制图章工具是无法完成的。

图 11.34 头顶上的阴影由于不同角度的透视关系，显现在天花板上的位置也不相同。因此，需要根据悬空位置的改变而对阴影做相应的调整。

图 11.35 按 Alt/ Opt 键向下
拖动或者按 Ctrl/ Cmd+J 快捷
键复制图层。在这个案例中，
我在原图层下的位置上复制
出了一个新的图层。

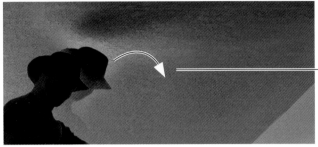

根据天花板
的透视角度
旋转复制的
图层。

图 11.36 用移动工具旋转阴影。

步骤16：调整光线和效果

在所有的都完成后，开始完善光线效果。以下是光线效果制
作的一些技巧。

- 直击观者的注意力。人类和飞蛾一样，都喜欢亮的地方。在视
  觉焦点处添加一点微光效果。
- 添加一点对比或亮度可以吸引观者的注意力。如果从概念上
  讲的话，就是在做视觉的调整。
- 轻微地进行改变。使用柔边的大号画笔将画面的边缘涂暗，
  画面的中间区域会变亮，以便于吸引视觉的注意。人们不一
  定会注意到这些改变，但一定会感受得到！看视频里最后一
  步是怎么做的。
- 要让光线和色彩保持连贯的整体性，通常会降低叠加图层的
  不透明度，或对它们进行调整。一定要让它们与场景相协调！

在《求你了，快让爸爸下来！》这个案例中，在编辑时我发
现暗部过于分散，所以设置了光线效果。通常我会先勾勒出大致的
光线效果，最后再进行细化。

调整光线的秘诀就是用创建新图层图标创建一个新的空白
图层。在分开的图层上添加调整和效果，让整个过程都可以无损

图 11.37 选择为叠加混合模式后，就可以用白色和黑色进行减淡和加深的无损编辑了。

图 11.38 效果文件夹中包含有最后的光线效果和其他的调整图层，像曲线调整图层和用以减淡和加深进行无损编辑的叠加混合模式的图层。

地进行编辑，在合成时这点非常重要。将新建图层的混合模式更改为叠加（图 11.37），这是光线效果制作中很重要的一步。

在第四章中讲过，叠加混合模式具有多种功能。在叠加混合模式中，可以使用白色（减淡）和黑色（加深）无损地进行减淡和加深的操作。因为我不想要这张照片中的图像都太暗，使用叠加混合模式后的图层能够有效地进行调整。

> **提示** 首次在叠加混合模式的图层上进行涂画时，要把画笔的不透明度降低（有时要在 10% 以下）。在涂画时要小心，以避免涂画出多余的虚边或让光线发生明显的改变。使用低的透明度能够更好地进行控制。

最后为了调整颜色还要使用其他命令，其中包括不透明度为 46% 的黑白调整图层。曲线调整图层的蒙版，在很大程度上是为了给局部区域提高亮度、增强对比。最后，我在叠加混合模式的空白图层上用白色和黑色对脸和阴影进行了提亮和调整。这相当于在进行无损的减淡和加深的编辑。总之，我提亮了整个画面的中心——我的脸、艾琳的脸和凯伦，并且也加强了我们周围的阴影和高光。图 11.38 显示出效果文件夹中包含有四个用于调整的图层。微调图层和叠加减淡图层的混合模式都设置为叠加混合模式。曲线调整的蒙版能够单独对局部区域进行曝光调整，也可以通过使用减淡和加深的方法实现同样的效果。

> **提示** 用以减淡和加深的叠加混合模式的图层要与其他的调整图层分开，通过调整图层的不透明度来实现最佳的效果。在同样的位置上，如果太亮可降低图层的不透明度。

小结

　　每一个合成都有自己的难点，但只要有足够的练习和创意，在 Photoshop 中就可以实现任何奇迹。我儿子现在成了超级宝宝，很酷不是吗（图 11.39）？《求你了，快让爸爸下来！》这个案例是合成中的一种类型，在 1~2 天能够完成，并且完成的过程十分有趣。勾画出你的想法，然后让它们变成现实！

图 11.39　现在所有的图像都拼合在一起了，灯光也润色好了，一切都完成了，"求你了，快让爸爸下来吧！"

泽夫和阿里扎·胡佛
fiddleoak.wordpress.com

泽夫和阿里扎·胡佛是来自马萨诸塞州纳提克的一对青少年兄妹团队，他们把泽夫的摄影和 PS 作品变成了一个充满着"精灵"的有趣的世界。泽夫的作品已经被刊登在国际专题中，作品内容包含有他自己、朋友和家人，他们就像是在大的世界中喜爱冒险的小人。他们一起创造了这个充满想象力又具有故事情节的巨大场景。阿里扎用她独到的眼光和摄影技巧赋予每个作品以概念并让其视觉化，而泽夫则总是工作在镜头前，再用电脑将每个图像完美地拼合在一起。

你们从什么时候开始有创作精灵世界的想法？

泽夫：我 12 岁时和妹妹在树林里散步，突然有了精灵这个想法。一开始可以说是为了锻炼自己 Photoshop 的能力。但如今它是灵感的来源，当人被缩小后整个世界都会变得不同。想象一下在齐腰高的苔藓上散步，在纸飞机上飞行这会多么有趣啊！

你的 PS 和摄影的经验是什么？

阿里扎：虽然我涉足摄影已经有一段时间了，但直到最近才真正地认真起来。总之，关于摄影我知道得并不多，如果没有泽夫的话，我甚至都不知道如何使用Photoshop。我很喜欢使用 Photoshop，但当需要使用很多编辑方法时，还是需要

旋律，2012

芬兰，2013

求助于泽夫。

作为合作者，你们俩是如何进行合作的？

阿里扎：从泽夫对摄影感兴趣起，我们就一直在合作。大多数时候，我们都是一起拍照

一起头脑风暴地做创意，但我经常将一些技术部分留给他做。如果他不在状态的话，我就鼓励他去拍照。我给他当模特，也帮助他进行自拍。我们有各自的工作，各自的网站，各自的风格，但是我们彼此互相帮助，彼此交换意见，对对方也十分了解。有时一张照片开始是他的

创意，但到最后就变成两个人的创意了，在他创意的基础上我会生长出新的创意。我们没有办法说清哪些照片是他的创意，哪些照片是我的创意。当他进行编辑时，我总是喜欢给他提些意见。无论是让精灵看起来更加真实还是在校正颜色时，多一双眼睛都是非常有用的。

在做无缝合成时你的技巧和方法是什么？

泽夫：在合成时，可能最重要的是合成图片的光线要一致。我尽可能让拍照的人位置不变，在人和背景拍摄的时间上也尽可能地接近，这样才能更好地进行无缝拼接。

浅景深对你的图像的作用是什么？

泽夫：我们的眼睛看到的都是 3D 空间，我们可以清楚地说出什么是近的、什么是远的。但在图片里我们没有这种视差，所以我用景深创造出了同样的纵深感。这也使得我照片中的世界看起来更小，更加私密。景深不是添加空间感的唯一方法，在烟雾中拍摄也可以实现同样的效果。

你是如何创作出后期合成需要的背景图像的？

泽夫：我会保持图像的干净，不会让

祈祷，2012

夏天的故事，2012

任何不必要的污点和落叶遗留在上面。我还会尽可能地寻找一些能够隐藏人脚的苔藓和石头，如果不能看到完整的脚着地，就会留下更大的想象空间。在刺眼的光线下，不要让阴影投射到任何半透明或不平的物体上，因为这样的阴影很难添加。

在 Photoshop 中你最喜欢的工具和技巧是什么？

泽夫：从最基本的层面上讲，蒙版是 Photoshop 中最有用和最棒的部分，多边形套索工具也是非常强大的。对我来说，使用它剪切对象比用手写板快多了。在技术方面，我知道的添加对比的方法也很有效。我几乎所有的照片都使用黑白调整图层，并且还会将它们的混合模式设置为叠加混合模式。这样能够创造出更强有力的对比。

你能简述下你从创意到成品的创作过程吗？

泽夫：灵感可能会来自各个方面，从摄影师到物体都用。在拍摄图像时，我会先拍摄背景图像，场景中不会有任何人物出现。有时它只是一个平常的微距的自然场景和许多用线悬挂的物体。很多时候，合成一个视野大的全景需要一张以上的图

竞赛，2012

像（通常是 2~5 张）。然后拍摄在这个场景中的人物，尽可能地让人物与背景的光线相接近。在 Photoshop 中，我将人物图片的背景全部剪切掉，根据画面中的光线绘制阴影调整所有的颜色。

在创作精灵的整个过程中你最喜欢的是哪个部分？

泽夫：每个部分我都喜欢，但最喜欢的还是拍摄背景图片。我喜欢按照我的想法重新摆弄它们，那感觉就像是获得了摄影比赛的冠军。

阿里扎：我认为最精彩的部分是头脑风暴，两个人的思路比一个人的思路开阔。我喜欢发散想象力，于是把需要在屏幕前花费时间的工作都留给了泽夫！ ■

第十二章

狩猎

本章内容：

• 自拍

• 给文件夹使用蒙版

• 毛皮移植法

• 智能锐化

• 绘制阴影

• 其他混合模式的使用

　　每次狩猎的背后都会有一个既有趣又尴尬的故事。在这里有意思的是猛犸，它实际上是用 Photoshop 添加了猫毛的金属雕像；尴尬的是那个只穿着一个内裤飘散着头发的猎人是我。我和我妻子参加了夏季研究生班课程，在这个课程上我创作出了许多有趣的数字艺术作品。在创作狩猎这个作品时，我躺在卧室的地板上，赤裸着身体很傻地摆出具有史诗般的动作，并用卧室的灯将身体全部照亮。猛犸、猫和在大峡谷国家公园旅行的照片，这些结合到一起构成了《狩猎》这个作品（图 12.1）。

　　通过这个案例能够说明，无论是在专业的摄影棚还是小型公寓中的一盏台灯都可以创造出很棒的作品。不要忘了，灯光角度要与作为背景的灵感照片的光线角度相一致。

▶ **图12.1** 《狩猎》这个作品由四个主要部分构成：处于坠落危险中的原始人、大峡谷的背景照片、猛犸和云的背景图片。

步骤1：由照片产生的灵感

我非常喜欢摄影！创作《狩猎》这个作品只是因为在长途的公路旅行中我拍摄了很多大峡谷国家公园的照片（图 12.2）。选景和拍摄是作品中非常重要的部分。拍摄的照片越多，组合的可能性也就越多，并且看上去越完美。

《狩猎》这个作品是由四五张主要的图像（大峡谷、云、猛犸雕像和穿着内裤的我），以及一些小的照片拼合而成，其中有为野兽提供毛皮的小猫和为我提供头发的妻子。

在浏览图像时，我主要是从视角和场景设置两个方面寻找图片，考虑如何在作品中展现出叙事性。

图 12.2　像大峡谷国家公园这样的场景是拍摄背景图像和获得灵感的最佳选择。

步骤2：进行创意

真的很喜欢这张具有史诗感的悬崖照片，我想赋予它以叙事性从而更加强调出这个场景的潜在危险。我的毕业设计是关于环境保护的，目的是给人类的行为以警示。我借以大峡谷作为背景，快速地勾勒出我的创意点：即使是野蛮人在荒野中也会迅速地变得渺小。

在讲述叙事性的过程中，多尝试几种创意——第一个冒出来的创意也许不是最好的。图 12.3 是我最开始的创意，但最后我还是选择了其他的创意。

用从照片中寻找的灵感进行创意时，要注意以下几点。

- 景深、大小和主要元素的位置。例如，我要准确地计算出猛犸、洞穴人和悬崖之间的大小关系。云和环境也能够增强整个画面的叙事性。

- 当你在原有的基础上补拍其他元素的时候，灯光的位置和方向非常重要。

- 抓住精彩的瞬间不仅能够让视觉产生冲击力，而且还能够引发情感上的共鸣。这个图像的精彩瞬间是洞穴人扔出长矛的同时正在向下掉落，不仅能够给观者留下丰富的想象空间，也极具故事性。设计把握好瞬间时刻不仅能够增强图像的叙事性，而且还能够改变它的环境状态。

图 12.3　上面的草稿是最开始的创意，但是我决定使用下面这个险象环生的草稿。

步骤3：拍摄物体

我没有时间机器能够回到古代为洞穴人拍摄一张远古的照片（更不用说有人愿意跳下悬崖了），所以只能自己来扮演，让妻子帮助我进行拍摄。我简单地使用了屋里的灯光，在漆黑的小卧室中进行拍摄，并且很注意场景中光线的方向和强度（图12.4）。一定要让照片中的光线均匀，动作要看起来像是在掉落的状态中——我尴尬地坐在地板上一堆东西的中间。

在摆拍用以合成的模特时，有以下几点需要注意。

- 单独绘制出一张灯光的布局图，快速地绘制出灯光布局的平面图，明确相机的位置、物体的位置和灯光的角度。细致地观察灵感照片，注意阴影的角度和方向，以此来安排灯光和物体的摆放位置。
- 不要让物体之间相互重叠，以便于后期进行修复。
- 动作要到位！只是坐在地板上随意地摆出一个动作，在最后的合成中会显得缺乏活力。看上去仍像是坐在地板上，只不过是换一个新环境。
- 为拍摄静态的画面使用道具可帮助你的对象保持平衡。创建的场景中的模

图 12.4　即使用大学宿舍的台灯也可以创作出很好的源图像。

糊程度要与源素材中的动态模糊程度相一致，例如《狩猎》这个作品塑造的是没有任何模糊效果的动作瞬间。

- 多拍摄一些不同姿势不同角度的照片，这样在合成时可选择的范围也就更大——也有助于错误的修正。

例如，在《狩猎》拍摄了一半的时候，我发现我还戴着手表。好尴尬啊！我又重新给我的手进行拍摄，最后的效果还是不错的。

- 根据照片和照片中的其他元素提前规划出主体的朝向。反复翻看原稿！有时即使是头部的倾斜和身体的角度有一点点的改变也会造成整个朝向的改变，所以一定要提前计划好。

● 如果你像我一样也要自己扮演模特的角色，可以使用定时曝光计时器或者找其他人为你拍摄。如果这些都不行的话，也可以使用相机的延时功能，但是定位会很困难，可能需要反复重拍很多次。

图 12.5 为了让层次和整体效果更加明确，我建立了层级文件夹。根据文件夹堆叠的顺序，在合成的效果中从上向下依次可见。

步骤4：拼合

在深入刻画前，为了画面结构的完整，首先要将重点部分放置在相应的位置上，这点很重要。为了搭建出《狩猎》这个作品的基本结构框架，我打算先把猛犸和洞穴人放入背景图像的相关位置。因为云的部分需要多个云拼合而成，所以我决定过些时候再将它们放置到画面中。但是为了画面的平衡，需要给它们腾出一些空间。为了使文件图层更加具有条理性，我创建了文件夹的基本结构：效果、猎人、猛犸和背景，背景文件夹中还包括大峡谷和天空的子文件夹（图12.5）。

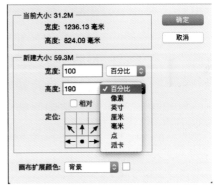

图 12.6 我喜欢用百分比改变画布大小，而不是固定的数值，使用固定的数值很难想象出画面最后呈现出的尺度。

给云腾出一些空间

因为大峡谷的图像来自于风景照片，我需要为云和沸腾的火山灰创造出更多的空间。从背景图像开始，将画布的高度再增加90%（选择图像＞画布大小或按Ctrl+Alt/ Cmd+Opt+C快捷键）。你可以用很多种计量单位更改画布的大小，但是我更喜欢用百分比，因为它更加显而易见（图12.6）。我将高度设置为190%，然

> 提示 为了能够对背景图层进行移动和编辑，在图层面板上双击缩略图解锁，然后按回车键关闭弹出的对话框，对话框中不需要做任何更改。解锁后的背景能够扩展画布的幅度，不用重新创建一个白色的画布，再添加新的图层（在这个案例中，大峡谷的图层就是这样做的）。

后扩展的方向会根据箭头和锚点所指的方向将增加的画布添加到画面的顶部。记住，一定要明确画布扩展的方向（不要所有方向都扩展）。在画布大小的对话框中用三等分网格自定义画布扩展的方向点，在方格中点击设置扩展的方向。

猛犸

用 Photoshop 单独的标签打开猛犸图片，用矩形选框工具（M）将整个猛犸选中，复制 (Ctrl/ Cmd+C) 粘贴 (Ctrl/Cmd+V) 到合成的文件中，然后将图层移动到猛犸文件夹中，让图像的图层顺序保持正确（图 12.7）。

首先将猛犸调整到适合的大小，在图层面板的图层上单击右键，将图层转化为可以无损编辑的智能对象。使用移动工具（V）在选项栏中切换成显示变换控件，将猛犸的比例放大到草图上的

图 12.7 在把猎人放入合成文件之前，先把猛犸放入画面中，构建出整个画面的关键元素和画面的比例。

大小。（按住 Shift 键拖动一角能够等比例地缩放。）

　　将其放大之后稍微旋转一下，使左侧的脚平放在地面上，而不是悬在空中。当图像来源完全不同时（例如猛犸图像的光线和透视与大峡谷的长焦视角完全不同），为了使最终效果更加真实，有很多种方法能够让它们更好地进行组合。在这个案例中，我将猛犸的前左脚旋转到与悬崖顶平齐的位置上，让它站在悬崖的边上而不是悬在半空。

　　将猎人放入合成的文件中，使用同样的方法进行复制粘贴，把图像放大到草图上的大小，并将其放置到效果文件夹中（图12.8）。把草图放置在图层堆靠上的位置（例如放在效果文件夹中），以便于随时查看原稿。这样，就可以打开和关闭可见性随时进行查看，而不用再到处寻找了。

提示　放大旋转到适合的大小和角度，将图层的不透明度更改为 50%。这样不仅可以在 Photoshop 中进行再调整，而且在调整时不会受到猛犸图像遮盖的影响。

图 12.8　把洞穴人置入画面中，和草图上的大小相一致。

步骤5：给文件夹添加蒙版

由单独图层的剪切而变成了给整个文件夹添加蒙版。给文件夹添加蒙版有几大优点，例如能够将调整图层剪切给文件夹中的某一部分，同时还可以用一个蒙版控制整个文件夹。但还有一些功能是不能使用剪贴蒙版的，即使是最新版本的 CS6 和 CC 也不能使用。除此之外，有时还会将很多图层都剪切给一个图层蒙版，这样做很有局限性且用处不大。在《狩猎》这个案例中，为文件夹创建了很多个蒙版，可以对各个元素进行控制。这样能够更好地控制文件夹和复杂的层次顺序。

给猛犸添加蒙版

虽然剪切蒙版简单而便捷，但不能横向移动使用在不同的区域上，如多个子文件夹和剪切图层之间不能横向移动。我将猛犸和它的其他部分（从皮毛到光线）全部放入一个文件夹中，并且给这个文件夹使用一个蒙版，同时这个文件夹中的每一个图层都会使用这个蒙版。

好的选区能够为蒙版节省大量的时间，所以我先用快速选择工具（W）为猛犸制作好选区。在站立的脚周围还会有周围环境的像素（图 12.9），创建蒙

图 12.9 用快速选择工具选择猛犸，脚周围的部分在后面进行处理。

版时再将这些多余的像素去除掉。与调整蒙版相比，给看不到的部分再添加蒙版很难。通常我都是使用调整边缘功能柔化边缘，将羽化设置为 1 像素，移动边缘滑块设置为 −40% 以让边缘向里收缩。使用移动边缘能够沿着选区边缘去除蓝色的虚边，但是后面天空的部分依然会存在（图 12.10）。

调整猛犸的外形轮廓，在图层面板上点击猛犸文件夹。然后点击添加图层蒙版图标■给整个文件夹添加蒙版，用蒙版进

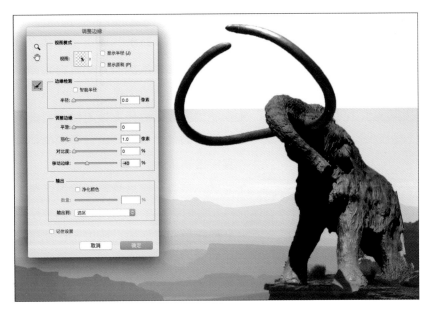

图 12.10　为了更好地进行无缝拼接和弥补蒙版的不足，要向内移动和柔化选区边缘。

行遮盖（这也就意味着在这个文件夹中所有图层都能够使用这个蒙版）。这相当于将很多图层都剪切给猛犸图层，然后只使用一个蒙版。不同的是使用一个蒙版的文件夹能够再创建子文件，并且在文件夹中能够再次剪切多个图层。对于像猛犸这样复杂的元素，给整个文件夹使用蒙版是最好的选择。遗憾的是，对于周围的像素还是需要进行大量的遮盖。

在边缘周围进行涂画

在制作好选区创建好蒙版后，需要进行细化调整的部分会变得很明显。我喜欢用不透明的柔边画笔，半径和边缘的柔化

图 12.11　使用小号的柔边画笔沿着猛犸蒙版的四周进行涂画，以获得更加平滑而准确的蒙版区域。

程度相一致。在猛犸这个文件夹的蒙版上，我将半径更改为 10 像素（图 12.11），从而更加精准地沿着边缘进行涂画以调整蒙版。通过练习，你现在可以使用快速选择工具快速地绘制蒙版，尤其是在使用面板上的功能时。

给猎人添加蒙版

使用快速选择工具给洞穴人绘制蒙版有点难，这是一个很好的如何更加有效地绘制蒙版的例子。下面是我绘制蒙版时使用的方法。

- 当边缘是黑色时，与场景完全混合在一起，Photoshop 无法辨别出它们的

提示　如果你把要给文件夹添加的蒙版添加给了图层，只需要在图层面板上将蒙版拖曳至文件夹的缩略图上——蒙版会立马添加在文件夹上。也可以复制蒙版：按住 Alt/Opt 键使用同样的操作即可。

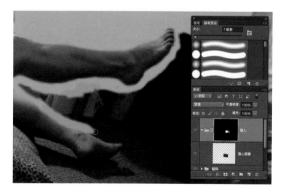

边缘，但是你知道形状和边缘的位置，如人物画。这种方法有点像绘画，只有你能够在真实的照片中进行绘画，这也就是绘画的优点。

- 在制作完选区后需要通过绘画再进行细微的调整，有时会跳过微调的部分直接绘制蒙版。
- 即使你很善于使用画笔和选区这些工具，但时常也会出现问题。这种挫败会把好也变成坏的。所以无论如何都要留好后路！

在图 12.12 中你可以看到如何让边缘和蒙版变得更加精确，我使用 7 像素默认的绘画画笔进行绘制。注意我是在包含有猎人图层的猎人文件夹的蒙版上进行绘制的，而不是猎人图层的蒙版上。对于这种不是在室内拍摄的背景难以去除的图像，使用绘制蒙版（大多数情况下）是最好的选择。然而，你也可以制作选区，对模型的背景进行固有色的填充，以提炼出模型。

图 12.12　手工绘制蒙版时虽然烦琐但也需要一定的技巧和耐心，有时手绘的蒙版效果会更好。

步骤6：给猛犸添加毛皮

总的来说，在进行猛犸合成时有两大问题。猛犸源图片中的光线与最后场景中的光线不符，而且毛皮是金属的效果——因为它本身就是金属的！为了让猛犸更加真实，所有的部分都需要修复，最好先从毛皮开始。我打算通过改变添加的毛皮图层的光线来改变猛犸的整个外观。

因为重塑猛犸的外形需要很多个阶段，因此在猛犸的文件夹中又为这些部分创建了文件夹。这种结构非常适合复杂的项目：所有的子文件夹依旧使用着最上面文件夹的蒙版（在这个案例中，是猛犸的文件夹蒙版），所以可以在合成中再进行合成。图 12.13 是重塑猛犸的图层和文件夹的结构分布。

用可爱的小猫创建毛皮板

在考虑如何给金属的猛犸添加毛皮时，我决定用小猫制作一个图像板，在这个图像板中进行选择然后粘贴到猛犸的身上。（在第六章中详细地讲述了创建图像板的过程。）我用自己在动物收容所拍摄的小猫的照片制作出图像板，以保证有足够多的选择（图 12.14）。因为图像板是Photoshop 文件，我能够在 Photoshop

图 12.13　给猛犸的主要文件夹使用蒙版，猛犸图像在子文件夹中，这样更有助于整理和编辑。

图 12.14　虽然可爱的小猫的图像有点多，但这样由小猫照片构成的图像板在拼合猛犸毛皮时十分有用。

中尝试使用各个部分的毛皮，这能够大大加快工作的进程——不需要在不同的程序中来回地反复，或者在几个标签中不断地查看和尝试毛皮的方向及形状是否契合。

智能锐化毛皮

这些照片是几年前拍摄的，目的是帮助被救助的小猫找到失主。这些照片的光线和毛皮的颜色都不一样，更不用提它们的柔焦了。在选择纹理时，柔焦部分不是最好的选择。我决定对图像板中的图层使用智能锐化滤镜。

Photoshop CC 中的智能锐化滤镜的功能有了很大的提升，现在小猫这个案例就为其提供了很好的示范教材。（图像板中的图像一定都是单个图层。）和以前一样，选择滤镜 > 锐化 > 智能锐化（图12.15）打开智能锐化对话框。在最新的版本中有以下新的功能。

- 智能锐化的对话框是可以收缩的，不再是只局限在图像中一个极小的部分。你可以不断地进行放大缩小，也可以向外拖动框口的一角扩展操作和查看的区域。

- 使用滤镜锐化后的图像都会产生大量的噪点。这种现象在最新的版本中得到了很大的改善，新的计算方式使得

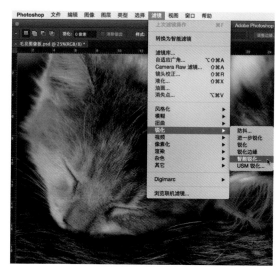

图 12.15 在 Photoshop CC 中智能锐化滤镜进行了更新，通过滤镜菜单能够开启它新的功能。

边缘和细节更加清晰，不再是过去只增强对比度的计算方式。总的来说，新的锐化方式表现得十分出色，不仅仅是在处理噪点的问题上。

- 在对话框的右上角点击设置图标，勾选使用旧版进行比较。

- 我将小猫毛皮的锐化半径设置为 2.3 像素，人为地加强了深度。半径的大小要适中，以免产生虚边（尤其是要用作纹理的小的毛皮部分）。在旧版本中当滑块的数值超过 100% 时可能会出现问题，但在新版本中这个问题完全被解决了。同样的，当你发现出现明显的虚边或者其他的变形时，可以降低滑块的数值（图 12.16）。

使用完滤镜之后，对图像板中的其他图层同样使用此滤镜，选中每一个图层然后按 Ctrl/Cmd+F 快捷键。这样可将上次使用的滤镜应用到当前选中的图层。你也可以单独使用滤镜，但是使用 Ctrl/Cmd+F 快捷键能够加快速度。滤镜的运行需要一定的时间，因为它正在做分析和最后渲染的处理。

纹理技巧

给猛犸拼合毛皮时要先忽略掉阴影和高光（在后面再添加），毛皮的方向和样式更为重要。在雕像的基础上，根据金属毛皮的方向寻找适合的毛皮。毛皮需要认真地一点一点地进行绘制，没有捷径（让毛皮看起来很自然甚至更难），但是在拼合时还是有一些技巧的（图 12.17）。

- 寻找与金属毛皮形状和方向相一致的小片毛皮。
- 更改混合模式：试试滤色、叠加、变亮和变深混合模式。例如，不是所有的毛皮图层都需要以不透明的正常模式覆盖在原猛犸的图层上。雕像已经为其提供了很好的三维底纹效果。将一小块毛皮的混合模式更改为滤色混合模式，在保持原有雕像阴影的同时还能够将毛皮提亮。叠加混合模式也一样，既可以保持 3D 的立体感，还

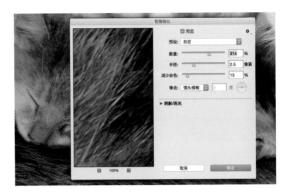

图 12.16 将智能锐化的滑块移到适宜的点，以免出现虚边和其他的变形。

图 12.17 添加毛皮纹理时先忽略掉光线的效果。

可以使叠加着纹理的金属毛皮变得更加自然。在做的过程中会总结出很多经验，因为很多时候并没有固定的方

法，所以需要多多尝试。

● 根据需要进行旋转和缩放。如果有一小部分是圆形的并且后面的部分逐渐消失，在边缘上使用小块的纹理能够塑造出这种感觉。

● 复制毛皮。我用 2 或 3 个好的毛皮部分复制出 24 个毛皮图层。在这个过程中使用 Ctrl/Cmd+J 是最佳的选择。对这些图层进行旋转、缩放、更改混合模式等。（更多的操作方法请看第八章中的教程。）

● 首先也是最重要的，要将金属的材质隐藏掉（或者用其他材料进行覆盖），因为这是最大的漏洞。

给猛犸添加完毛皮后，下一步就是添加光线和调整颜色，模拟出背光的效果。

图 12.18　在调整光照效果时，首先要让主要的阴影区域变暗。

步骤7：调整猛犸的光线和颜色

无缝拼接的关键在于场景和光线的一致性。仅是场景一致看起来会有点奇怪，为了能够和岩石的阴影相一致，需要给猛犸添加背光的高光和深的阴影。

在猛犸光线效果的文件夹中给一个新图层添加阴影，并将它的混合模式设置为柔光（图 12.18）。这个混合模式能够让颜色变暗，但又会比叠加和颜色加深混合模式的颜色轻。在这个图层上，主要是在臀部和身体的位置添加阴影。

接下来创建新的高光图层，将它的混合模式设置为颜色减淡混合模式，以创造出减淡（变亮）的效果。柔光和颜色减淡混合模式比叠加混合模式的效果更好，当需要特定的光线效果和颜色时使用这个混合模式进行绘制（图 12.19）。从笔刷属性面板中选择了一个类似毛发的纹理画笔，在毛皮的高光部分进行绘制。

接下来给猛犸添加阴影：在混合模式为正常的新的图层上平涂上黑色。像阴影这样的暗部不需要改变混合模式，只需要在新图层上根据原有的内容进行绘制（用低不透明度），实现加深的效果（图

图 12.19　使用颜色减淡混合模式添加高光时，在选择的区域内用白色的毛发纹理画笔进行绘制。

图 12.20　在默认为正常混合模式的新图层上绘制阴影，能够让暗部显得更加自然，因为它能够在 3D 效果上进行加深。

12.20）。使用绘画的方式有时会遮盖住一些细节，但在这个案例中恰恰能够对不理想的毛皮区域进行遮盖。

调整猛犸的颜色

　　虽然猛犸已经有了较好的光线效果，但整个外观还是呈现出金属色，并且在整个场景中显得偏红。添加一个新的图层，将它的混合模式设置为柔光混合模式，然后涂画上紫红色。这个混合模式具有叠加混合模式（如加深暗部）和颜色混合模式（替换颜色，增加饱和度）的双重效果（图12.21）。

图 12.21　在混合模式为柔光的新图层上涂画上紫红色，在增加红色调的同时还能够加深暗部。

步骤8：进一步进行调整

为了能让猛犸更好地融入场景中，我用从大峡谷场景中搬来的灌木遮盖住了其后脚，在原有的左侧象牙的基础上截断一部分复制复制出新的象牙图层（图12.22）。象牙的边缘要一字排开，用蒙版进行混合后效果会更加自然。

最后，要给猛犸添加一些阳光的光照效果，并且让投影投射到猛犸下面的岩石上。给猛犸文件夹添加剪切图层（通过选中所有猛犸的图层，按 Ctrl/Cmd+G 快捷键进行图层编组），先不要管蒙版上的内容，让当前的猛犸可见。

添加眩光图层的剪切蒙版，直接在主文件夹（在这个案例中是猛犸文件夹）上创建一个新的空白图层，然后选中这个新图层，按 Ctrl+Alt/Cmd+Opt+G 快捷键进行剪切。这时，在图层的任何部分进行涂画，都只会作用于文件夹中可见的部分；无论是调整还是添加，也都只会作用于文件夹中可见的部分。

使用白色的柔边画笔，将大小设置为150 像素、不透明度为 10%，沿着边缘进行涂画创建出发光的效果，以便于更好地与场景相融合（图 12.23）。阴影也是如此，只是要在猛犸下面的图层上进行绘制，这样就可以看到毛茸茸的外边缘了。

图 12.22 左边的象牙太过夸张，以至于和长焦镜头下大峡谷的透视不一致；另一个问题是后腿需要进行遮盖，所以用灌木来实现。

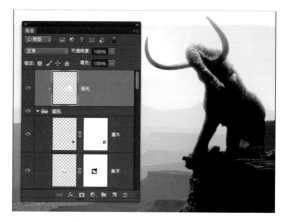

图 12.23 在猛犸文件夹的剪贴蒙版上，轻轻地在边缘周围进行涂画以创建出发光效果；阴影图层要放在带有蒙版的猛犸文件夹的下方。

步骤9：完善洞穴人

猎物的部分已经完成，接下来把精力投入到倒霉的猎人身上。为了画面的叙事性和史诗般的效果，猎人的部分还需要进一步完善：需要更发达的肌肉、黝黑的皮肤、长的头发（或者更恰当点讲是嫁接）和长矛。

先从肌肉开始。塑造肌肉效果和给猛犸添加高光的方法一样：创建一个新的图层，将它放入猎人文件夹的子文件夹中（命名为猎人的特效）。然后将混合模式更改为颜色减淡混合模式，再次使用白色画笔在需要强调出肌肉和高光的地方进行涂画（图 12.24）。用白色在颜色减淡混合模式的图层上进行涂画既可以提亮又不丧失细节，同时还具有真实感（就像是使用了化妆品一样）。

为了让这些新塑造出的肌肉都呈现出黝黑的效果，创建一个新的色相/饱和度调整图层，将色相向左移动到 −12，让其有一种烤红的效果，以便于和岩石、草的暖色相一致（图 12.25）。

如果要改变头发的长度，需要使用相同光线下拍摄的头发模型进行拼接。在相同的光线下，我对我妻子正在床边晾干的

图 12.24　通过后期的修饰能够增强肌肉的效果，但光影效果也十分重要；将图层的混合模式设置为颜色减淡混合模式，能够同时完成以上两个效果。

图 12.25　使用调整图层中的色相滑块调整皮肤的颜色。

头发进行了拍摄，并且以猎人的源图像作为背景。在 Photoshop 中，我将头发移入画面中，并且对不需要的部分进行了遮盖，同时还让头发产生一种不均匀感（图12.26）。这些遮盖都需要手工完成。

图 12.26　在拍摄拼接的头发时，须注意蒙版的使用和光线要保持一致，这样才能实现无缝拼接！

长矛

绘制长矛，需要先绘制出一条直线。我用 Photoshop 进行绘制，而不是用手随意地涂画（用手绘制特别难）。使用画笔工具能够绘制出完美的直线，点击线的一端（矛的一端），按住 Shift 键并点击另一端（矛的另一端），Photoshop 会绘制出一条从 A 到 B 的直线。然后给长矛添加光照效果和颜色，我在拾色器中选择了金橙色，绘制出高光的效果（图12.27）。

> 提示　在绘制时进行放大（按住 Ctrl/Cmd- 键向上滚动滚轮）能够让细节更加精确——尤其是在手绘添加物体时。花一点时间缩小画面，进行绘制前后的快速比较（按住 Ctrl/Cmd- 键向下滚动滚轮）。

图 12.27　在画像矛这样的直线时，按住 Shift 键，在线的两端进行点击。

另一只手

对猛犸的象牙进行了调整，猎人的手臂也需要进行更换（你已经注意到这个问题了）。将原有的手臂更换成一只五指张开的手臂，就好像在扔长矛——这只手臂的手腕上没有戴腕表。我将新的手臂放置在同样的位置上，并且在叠加的部分用蒙版进行遮盖。和在《求你了，快让爸爸下来！》（第十一章）案例中添加物体对象的方法类似。

步骤10：火山

现在，基本的故事场景已经完成。场景中其他部分还需要做进一步的调整，背景中火山和喷发出的烟灰还需要加强。这些都需要在图层堆中最下面的背景文件夹中进行调整。在背景上进行调整时，一定要注意时间和环境。火山的距离比较远，因此会比较朦胧一些。所以首先是火山的形状，其次是它的位置和大小。

火山的绘制过程实际上比想象的要简单，因为背景中的山脉已经有了透视的效果。用吸管从峡谷中吸引了一块淡蓝色，在另外的图层上用画笔进行绘制。快速地绘制出一个类似于火山的三角形山峰（图12.28）。

死火山不会向外喷发。为了让火山喷发，于是在火山上添加了一些"熔岩"，如图12.29所示。这是一张向下翻转的夕阳图片，所以它会有一些发亮的边缘，可以将这部分看作是喷涌的岩浆。因为越远越模糊，当使用白色的图层对其他的山脉进行模糊时，夕阳的部分正好呈现出一种暖色调，就好像喷发出的熔岩。

同毛皮和第八章中火的拼接一样，将其余的云拼合在一起。下面是创造云效果

图 12.28　用平涂的蓝色能够模拟出火山的效果。

图 12.29　在背景中添加云的图片模拟出火山喷发的效果。

的一些工具和技巧（图 12.30）。

- 要消除所有的边缘，否则画面就可能会遗留下多余的像素。而除去这种东西是需要耐心和毅力的。

- 创建一个基本的调整图层，然后将它剪切给每一个云层。

- 要注意光线的方向，它不需要完全一致。但是云的光线方向严重不一致时，人眼会很快发现。

- 小块地进行拼接，不要想会找到完全

图 12.30 云的混合和毛皮、火的混合相同：一定要柔化图层的边缘。

符合要求的云的图像。一般不会有完全一致的云形——尤其是在你还不知道需要什么样云形的时候。

- 当不知道如何处理时，可以添加其他的环境图像进行遮盖。

步骤11：调整色调

现在整体图像都太冷了，没有原始的危险气息。要塑造出原始时期的火山，需要让喷涌出的火山灰有一种暖色的滤光，就像是森林火灾烟雾中类似日落的那种效果。为了产生这种暖色调的效果，在效果文件夹中最后添加了三个图层（图12.31）。

- 用油漆桶（G）在图层上填充橙黄色，将图层的混合模式更改为柔光混合模式，不透明度设置为33%。柔光混合模式具有叠加混合模式和颜色混合模式的双重效果，但是在这个案例中阴影的部分还是要偏蓝一点，不能太暖。

- 对已经创建好的橙黄色不透明度为33%的图层进行复制，将混合模式更改为颜色混合模式。这时背景中的峡谷和云受到此图层的影响会变暖，从而让画面更加统一。

- 填充一个红色图层，然后将不透明度

设置为 40%，混合模式为柔光混合模式。红色能够很好地综合场景中黄绿的部分（由于蓝色和橙黄色混合而产生的颜色）。最后一个颜色调整的图层完成了，这个图层修正了由于前面图层的混合而产生的蓝色。

小结

有时候旅行也可以为创意带来灵感——用从硬盘里收集的猫的图片进行创作，可以使用混合模式进行颜色的调整。这样的尝试充满了无限的乐趣。在创作时要注意细节的把控，如光线和颜色，你会发现很多东西都可以以某种方式进行拼合。在这个案例之后，我习惯了动手，在 Photoshop 中可以绘制出任何东西，即使是没有台灯、纹理和细节。用手绘可以让想象的故事变成现实！

图 12.31 最后用这三个不同的图层构建出了整个画面的暖色调。

霍利·安德烈斯
www.hollyandres.com

霍利·安德烈斯是来自美国俄勒冈州波特兰市的艺术摄影师，善于用摄影表现错综复杂的童年、稍纵即逝的记忆和女性的反思。她已在波特兰、纽约、洛杉矶、旧金山、亚特兰大、西雅图及伊斯坦布尔举办了个展。作品曾被刊登在《纽约时代杂志》，《Time》，《Art in America》，《Artforum》，《Exit Magazine》，《Art News》，《Modern Painters》，《Oprah Magazine》，《Elle Magazine》，《W》,《The LA Times》，《Glamour》，《Blink》及《Art Ltd.》上，《Art Ltd.》还将她列为美国 15 位年龄在 35 岁以下的西海岸新兴艺术家之一。最近，她的首次博物馆主题展"归乡"将在俄勒冈州塞伦市的哈利福特博物馆展出。

你是如何开始新的创作的？这个过程是怎样的？

借用杰夫沃尔提出的一组概念，我更像是一个农民，而不是猎人。虽然我有一个非常敏锐的"内部摄像机"，但我也不是天天都进行拍摄。通常我会先给这个系列想好一个鲜明的主题，然后有规划地拍摄每一张照片。生活中的很多经验、回忆和交流往往能触发我的灵感，在我脑海中形成生动的图像（或一系列胶片式的影像）。每个片子的拍摄都不一样，要依各自的内容而定，有的我会先做好故事板再进行拍摄。

我的工作非常像拍电影，需要很多的前期制作和大量的后期合成。我的作品主题常常带有冲突感，表面看起来平易近人，实际

古画背后，麻雀巷系列，2008

猫语，2011

上又有几分阴郁和令人不安的意味。我很喜欢用一些常用元素，如鲜明的色彩、装饰性图案、舞台灯光效果结合天真无邪的小孩、纯真的少女和已为人母等各种典型的人物角色，来营造一种内心冲突的感觉，从而表达出各种让人心绪不宁的主题思想。

Photoshop 是如何融入你的工作流程的？

Photoshop 是我工作中不可或缺的一部分，没有它，我的一切想法就只能停留在脑海里，没办法用摄影来具体化。我所学专业是绘画，这在很大程度上影响着我的摄影方式。摄影一向被认为是"真实"的影像，而 Photoshop 强大的功能能够使我更大胆、更有突破性地运用摄影技术来表现"真实"（这是其他传统艺术所不具备的），这让我爱不释手。

我欣然接受数码相机取代胶片相机的这个过程，使用数码相机能够使我在制作最终作品时有足够多的图片可供选择。我可以在 Adobe Lightroom 里查看拍摄的所有原片，并标记出可能有用的。随后用 Photoshop 里的多种功能选项制作粗略的合成，并定下整个画面的基调，找到最理想的角色关系和形式感，使其能够有效地引导观者的视线。对我来说，这个阶段可以充分发挥我的创造力。

你是怎么用光线来强化每个作品的含义和情节的？

从最基本的层面来讲，摄影就是对光线的捕捉。对我来说，光线不只是突出人物角色的工具，同时也是一个内容载体。光照及光线本身就暗含着某种意思。

你觉得拍摄后的合成最难的是什么？最有成就感的又是什么呢？

毫无疑问，最具难度的当然是让所有元素拼合得真实可信，最有成就感的是当我看到想象中的画面真实地呈现在我面前的时候。合成图像需要很多技巧，我的作品也没有一个是完美无瑕的。在不断的工作及学习的过程中，我也会想法设法不断提高我的摄影技巧，克服各种媒介的局限性。

在你的作品中，是如何安排画面主体使其表达出你的想法的？

麻雀巷系列作品，就是我在重温小时候

发光的抽屉，麻雀巷系列，2008

枪战，2012

看过的《南茜·德鲁》系列时找到的灵感。因为它们是插画，在风格上和摄影极为不同，但比我们通常看的照片质量要好很多。我很喜欢里边夸张的肢体语言，喜欢画面里边的人物安排、他们分开的手指，以及大吃一惊的可爱表情。我在作品拍摄中，会尽量效仿出这种戏剧性的美感。

当着手拍摄时，我试着先对画面做出一定的构想，包括怎么构建画面环境、如何设置舞台灯光效果、精心地挑选服装，以及怎么让叙述更加含蓄同时又能捕捉到各种不确定因素引发的状况。在此过程中，我发现刻意安排的画面与不可预知的主体"表演"两者相互平衡的效果是最引人注目的。因此，使用数码相机可以捕捉到更多胶片相机无法拍摄到的"不可预知的瞬间"。

在制作一个作品时，事情进展都是如你所计划的那样吗？你的这种工作方式需要多大的灵活性？

事情当然不会按计划进行了，尽管我尽了最大努力。但是，我从事摄影这么长时间，相信自己在放松、灵活和思路开放的状态下肯定会有宝贵的意外收获。有时我拍摄完的画面跟我原本的构想差距很大，这时我常常会有一种挫败感。但是经过几天的调整后，我又会惊喜地发现它其实比我构想的效果要好很多。

至今为止哪些是你最喜欢的作品或系列？

我个人最喜欢的当然是麻雀巷系列，它

们也很可能是我目前最受欢迎的作品。这个系列是用大画幅相机拍摄的，因为使用胶片拍摄并将其数字化的成本很高，所以后期的合成要更加精细一些。这组作品是用一个女孩儿的形象来伪造一系列完全相似的"双胞胎"形象。如大多数人一样，我也觉得双胞胎有种神秘感，所以我想将她们表现为彼此的对应者，或是同谋的形象。

另外，猫语也是我个人比较喜欢的作品，它有很多精心制作的合成效果。用Photoshop 对物体进行大量复制看起来很没必要，但我认为在这幅作品中它正好强化了画面的故事性。

你对于结合摄影和 Photoshop 两种技术进行创作的艺术家们有什么建议吗？

有一定的绘画基础，懂得线性透视和光影逻辑会使你在拍摄的时候游刃有余，并且也可以帮助你更合理地使用Photoshop 去控制这些画面元素。如果不懂这些，你应该花费精力去弄懂它们。培养独到的眼光需要很长的时间，熟练掌握Photoshop 技巧则需要更多的精力，这样才能"补救"自己。要善于观察，保持敏锐，多看看别的艺术家的作品，不耻下问，同时不断地练习。

第十三章

塑造纹理：规划

本章内容：

- 由道具产生的灵感
- 树皮纹理
- 塑造质感
- 绘制地图，使用亮度混合模式调整颜色
- 塑造光线

纹理能够使原本普通的物体变得与众不同，例如能够让一双普通的手变成一双有树木质感的手。在这个案例中，我使用了大量丛林和森林纹理，和一些我在内华达山脉航拍的照片，用蒙版将这些元素融合在一起，然后使用曲线调整颜色。图像中仿佛是一场精彩的建设发展会议，一双具有权威的、充满人性化的树的手规划着城市中湖泊和森林的位置（图 13.1）。

步骤1：由道具产生的灵感

有些图像效果好，是因为某些素材本身就具有一种很强的整体感和创新力。《规划》是我众多方案中的一个。通常，我会先快速地绘制出手的草图和城市规划的蓝图。我有一张古老的羊皮卷，是以前使用的电影道具。我把它放在看片台上，看看能给我带来什么灵感。在看片台上，这张羊皮卷呈现出了一种神秘的、

▶ **图13.1** 《规划》主要由纹理和航拍的照片构成，是我的《自然与人反转》的系列项目的封面图片。

奇幻的光线,其纹理也产生了一种美妙的、崎岖的纹路——我的灵感来了!

接下来,我对着羊皮卷给我的左手拍照,然后拍摄右手(使用单反拍摄右手时比想象的更难)。拍摄时,在脑海中规划好角度和方向以免与第一个镜头产生偏移(图13.2)。刚开始拍摄时只是个尝试,看看自己的想法能否实现。然而当我看到拍摄的照片效果时,简直太喜欢这个构图和这个简单的手势了。这是一个很好的经验总结,如果是第一次创作,一定要做好反复的心理准备,但也可能会有惊喜的出现!

步骤2:创建自然的图像板

创建图像板是为了合成其他的纹理,所以我用树、树皮、树叶和其他自然纹理的图像创建了图像板。这里的大部分照片都拍摄于秘鲁亚马逊河源头的丛林,那里的植被不但生命力顽强,而且有着丰富的纹理质感。丛林里那些有意思的树皮,由于受到巨大树冠的遮挡,形成了非常柔和的光线。由于这些柔和的光线,图像板上的图像之间具有了一定的连续性,可以自定义地进行组合。换句话说,这是纹理的母版,我可以在上面随意地添加自己的光线(图13.3)。

图13.2 在看片台上对着羊皮卷拍摄的每只手,在最后合成时都呈现出了完美的效果。

图13.3 由于树冠的作用,使得图片有着柔和的光线、完美的纹理和形状,在此基础上我可以绘制自己的光线。

步骤3：绘制纹理

做好斜眼观察的准备。在这部分需要在由树皮、树根组成的图像板和手的形状之间反复观察，且选择拼合前最好先在脑海中进行构思。因为这部分是整个案例的核心，会使用相同的方法进行反复的修改，我主要集中在每只手的部分的处理上。下面是关于添加纹理的一些关键技巧。

- 仔细观察创造的这双手的三维关系，让它与下面的物质相一致，即使是一小块区域。然后，将其他的部分也遮盖住。仅仅为图像制作纹理还远远不够，造型才是关键（图 13.4）。

- 使用移动工具（勾选显示变换控件）很有效，它不但可以使每一个碎片移动到想要的位置，而且还可以自由旋转和拉伸（图 13.5）。

- 从图像板上添加的每一个元素，都需要使用剪切调整图层用曲线进行颜色的调整。有些树是苔绿色的，有些树是灰褐色的——它们都有着各自的色彩。但当把它们组合成一个整体时，就像一幅用铁锤砸碎的拼错了的拼图：它们确实太不协调了。仅凭感觉制造纹理是不够的，还需要调整色彩和对比度。（如需

图 13.4　将纹理素材以同样的方向放在这只手下面。

图 13.5　使用移动工具将每个素材放置到需要的位置，运用在第二章中所学的方法将每个素材放置到理想的位置。

要复习，请参见第四章中有关于调整图层的详细介绍。）

- 使用蒙版时，在圆头的柔边画笔和纹理画笔（如喷溅画笔）间不断地切换。默认的圆头柔边画笔能够遮盖住图像清晰的边缘，并且能够让其均匀地过渡到纹理画笔。而使用纹理画笔能够更好地模拟出物质的有机纹理（图 13.6）。当覆盖好纹理后，基本的形状就不会在下面显示出来。当置入第二层或第三层纹理时，画笔沿着纹理的形状进行涂画能够使最终的效果看起来更天衣无缝。

- 除去多余部分，对那些不需要的硬边区域进行遮盖。有时要使用黑色蒙版

图 13.6 在使用蒙版时，使用不均匀的有机边缘的画笔能够更好地对物质的有机纹理进行混合。

（按 Ctrl/Cmd+I 快捷键对白色蒙版进行反相，或者按住 Alt/Opt-click 键点击添加图层蒙版图标◻），这时就可以使用白色画笔对想要保留的部分进行涂画。除非在涂画时非常细致（选区在这个时候几乎没用），否则会产生很多杂点。

- 在合成时，将图像调整到适合的大小并且对每一部分都进行锐化。如果在缩放之前进行锐化，可能会使纹理显得太过锐利，在使用锐化滤镜后，将图像缩小会使得纹理显示太尖锐；相反将图像放大，锐化的程度又不够（为了得到更好的效果，将其转化为智能对象，智能对象能够对变换后的锐化设置进行反复的调整）。放大图像会使得锐化度变得柔和，因为像素被拉伸和复制了；而缩小图像会使得锐化度更强，因为像素被压缩了。因此，要先决定好形状，然后进行锐化。

- 当找到一块可用的树皮（或者其他纹理）时，要充分地利用纹理的曲线和立体效果。带有三维感的边缘曲线，是很难人为地制造出来的。在图 13.7 中，我找到了一个适合的树皮——不断地重复使用！如果感觉太呆板的话，可以在重复明显的区域混合其他的纹理。

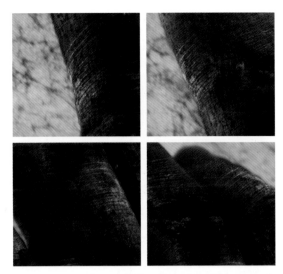

图 13.7 找一个可以提供足够尺寸的素材。这里有四个纹理，其中一个有白色横条的单独弯曲的纹理，可以反复用于右手的不同区域。

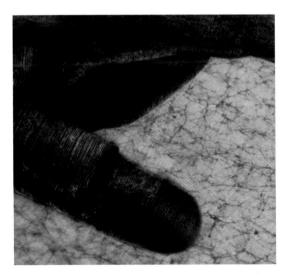

图 13.8 大拇指的纹理成功从其原始边缘中分离了出来，并与手其他部分的边缘衔接地非常完美。一致性可以使不同和偏差也变得可信。

边缘

手指周围的边缘有自己的形状，要处理适当。在这个作品中，手为所需填充的内容提供了外边框，手指周围的边缘构成了手形。由于它们太凸显且很重要，因此任何的错误之处观者都会很快发现，例如不好的切口边缘和糟糕的遮盖。在处理纹理边缘时，可以使用以下几种方法。

- 边缘形成物体。边缘要与构成物体的外形相一致，这一点很重要；否则，添加的纹理（3D 效果的纹理）也只是一张图片。有时当纹理展现出其自身有趣的地方时（注意图 13.8 中的大拇指），可以不受约束。但是大部情况下，最好还要使物体边缘和纹理边缘相一致。首先保证边缘间的一致，这会有意想不到的效果：边缘越一致，观看者越容易接受偏差。也许他们会想："哦，这个拇指有点脏了，看起来像树皮，但它毫无疑问是手的一个拇指。"
- 如果图片非常小，放大图片（按住 Alt/Opt 键向上滚动滚轮），每次寻找一片与边缘形状吻合的纹理。当构建出基本图层的轮廓时，就可以用其他一两个纹理进行完善。

肌理

虽然我想要一双人类手型的手，但也想要一双抽象的、人与自然混合的手，看起来有点像个外星生物。

为了实现这个效果，我使用在秘鲁丛林里拍摄的树根作为肌理。这些树根有大量的蹼形结构，并且每一部分都无限伸展，呈现出处于紧张状态下的夸张的肌理。这正好是我所想要的手背的效果（图 13.9），关键是要使树根的角度和深度与手的方向相一致。角度不对会使树根失去拉伸感，太深则网状的肌腱会与其他纹理不一致。这些都受制于源图像的影响（树根和树芯的角度），因此使用蒙版进行遮盖，不要让其伸展得过深以至于与其他的纹理不一致。尽管树根的肌理看起来更深、更具有张力，但这不是我所想要的效果。在尾部轻微的遮盖下，可以使其更好地与其他平坦的表面纹理进行融合。

扁平的纹理填充

由于拍摄的角度，手的顶部显得非常平，所以需要相应的比较扁平一些的纹理。想要找到适合的树皮纹理是有一定难度的，因为树大部分都是圆柱形的，很少有大面积的平面区域。技巧就是进行缩放：只对中间的部分进行缩放！这个区域与圆的边缘区域相

图 13.9　树根的拍摄角度看起来有种拉伸的感觉，这是适合树手的最佳纹理，在这里可以明显地看到树根。

比，没有明显弯曲的树皮纹理。和水火的物理特性所不同的是，有机物的变化是无限的。原本是树上一个细小的部分，在另一个物体上会显示出巨大粗犷的特性。正因如此，将树的纹理置于其他的物体上可以无限地变化纹理的大小。图 13.10 是树中心的一块树皮被放大拉平的效果，但仍要与手的角度和方向相一致。接着选取一块较长的中间部分，在上面增加一条裂纹。

用水塑造手指甲

在塑造手指甲时，我并没有采用树皮和树的纹理。而是用水来模仿人类充满光泽的指甲——这看起来更棒，而且充满人性化（与托尔金树妖的手完全不同）。这一步最难的是要重新塑造指甲的光泽以及指甲边缘和凹陷（图 13.11）。通过纹理的不断缩放和弧度纹理的不断使用，现在我不仅可以用水绘制出指甲，而且还可以很好地将其融入周围的树皮纹理中。

步骤4：绘制地图

在将城市改造为森林的过程中，用小号的纹理画笔（5~15 像素）进行绘制。首先，创建一个新的图层，将这个图层放在背景图像之上，这样就可以显现出下面添加了纹理的手。然后，在认为适合的位置绘制上街道

树皮被拉平的部分

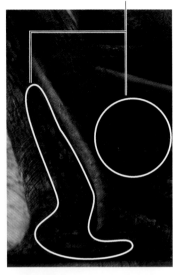

图 13.10　粗糙的树皮被拉伸成了一个没有曲线边缘和肌理感的扁平效果。

图 13.11　指甲需要更加鲜明的纹理和光泽，使其看起来就像嵌入指尖一样。

和建筑物。

为了使地图与背景纸的质感和色彩一致，我改变了图层的混合模式。选择亮光模式，因为这个混合模式能够借以下面图层的色彩进行着色。所有事物的颜色都不会一成不变，背景中羊皮卷的色彩也有着微妙的变化。使用亮光混合模式能够避免两个图层之间产生断裂感。（图 13.12）。

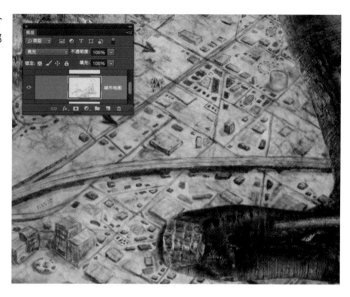

图 13.12　在一个新图层上使用亮光混合模式绘制地图的细节，能够使绘制的部分与背景中的羊皮卷更好地进行融合。

航拍的照片

　　航拍的照片给人一种不一样的感觉。这部分照片是我在飞越内华达山脉时拍摄的。在飞机上，相机晃来晃去，将头和相机伸出窗外都很困难，但这么做是值得的（需要牢牢抓紧把手，集中注意力）。使用真实的照片绘制背景城市，是出于两点考虑：一是可以使背景更富有想象力（因为不受地面的约束，对空间可以无尽地进行想象），二是可以营造出一种向前运动的和叙事的感觉。我想仅从宽度上进行扩展（图 13.13）。将照片与其他纹理混合，使用蒙版进行绘制时不断地在柔边画笔（用以过渡）和纹理画笔间（创造有机的形状和边缘）进行切换。

　　有了这张航拍的照片真的很棒，但这还不够。为了使树木看起来是地图的一部分，而不是从地图中长出来的，我将每一个树木图层的混合模式都更改为了亮度混合模式。这样树木图层就会使用下面地图和羊皮卷的色彩值，从而使得这小块森林看起来是地图的一部分，整个作品也看起来比较一致（图 13.14）。

提示　如果一次要更改多个图层的混合模式，在图层面板中选择所有图层（按住 Ctrl/Cmd 键，单击所有图层名称），然后选择图层的混合模式。被选中的混合模式将会作用于所有选中的图层。

图 13.13　使用航拍的照片有助于草图叙事性的创建，因为这本身就是真实的场景。

图 13.14　更改航拍的森林照片的混合模式，使它们看起来是地图的一部分，而不是架在上面。

创建大楼

因为没有任何摩天大楼的航拍照片，所以创建一幢逼真的大楼是一个很棘手的问题。不过，我有几张从地面仰视拍摄的高楼的照片。使用旋转视图工具旋转视图，或者对这些照片进行翻转，让它看起来具有俯拍的效果。为了进一步模仿出俯视的效果，我将一些看起来像楼顶的素材添加到了楼的顶部（图 13.15）。我使用了一些相对平坦的路面纹理，纹理本身还有一些变化性。使用蒙版对其进行调整，然后使用直线进行绘制（按住 Shift 键点击一个角，然后点击另一个角），以模拟出楼顶的边缘，并绘制一些阴影线条以增强立体感。现在将这些建筑与之前的树木混合起来，用树木的形状做蒙版。记住，一定要让树在楼的前面。为了画面的

一致性，最后将图层的混合模式更改为亮度混合模式，实现想要的效果。

图 13.15　在模拟俯视的摩天大楼（如中间的这座高楼）时，只需要对仰拍的照片进行上下旋转再添加一个楼顶就可以了（如旁边的这座高楼）。

步骤5：塑造光线

　　调整光线不仅仅是简单的调整图像的明暗。光线可以塑造纹理，如手的扁平部分的纹理。在作品的最后，通过增强纹理的形式感（使用最佳的纹理）以增强作品的立体感。

　　现在手看起来有点呆板，因此我增加了 FX 文件夹和一个新的曲线调整图层以增强手的立体感。在这个新的调整图层中有两个控制点：一个控制点是为了控制暗部，另一个控制点是为了提高中间色调和高光以增强明暗的对比。这个调整会影响整个画面，因为这个调整图层位于图层堆的最上面，要配合着蒙版一起使用。

　　我决定对整个调整图层使用蒙版，然后在需要的关键区域进行效果的绘制。对蒙版进行反相（按 Ctrl / Cmd+ I 快捷键），使用圆头柔边的白色画笔绘制高光区域，包括受发光地图影响的手下面的高光以及需要加深的区域（图 13.16）。地图中有些地方看起来有

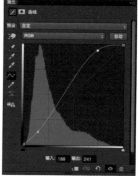

图 13.16　最终的光线效果是使用曲线调整图层和蒙版，以创造出手和地图的高光。

点扁平，所以我用低透明度的白色画笔进行绘制，让手部的高光和地图的高光看起来更加协调。

小结

　　寻找适合且最佳的纹理形状是很费时的，但值得尝试，因为这实际上是一种变相提升的过程。像《规划》这样的案例，非常有助于图层混合和绘制蒙版的提高！反复练习能够不断地提升技术和效率，其实很多案例都是像这样在不断地进行反复。每一次眼力的提高和辨别能力的增强，都会使你变得更加自信。因此，无论你是要传达具有深度的理念，还是将一个普通的物体变成一个有机的树皮的效果，都需要寻找到适合的纹理素材，一片一片地进行变形、调整，使用蒙版将其调整到最适合的状态！

马丁·德·帕斯奎尔

www.behance.net/martindepasquale

德·帕斯奎尔是一位来自布宜诺斯艾利斯的阿根廷艺术家。作为 RDYA 资深的设计师和 Crossmedia、Selnet 的艺术总监，他还是图片处理与合成的高手。他的个人作品中总是充满了讽刺的自我反思和富有想象力的不可思议的场景。他的艺术作品诙谐幽默，有些恶作剧，同时向观众提出质问。他总是在探寻新的视觉表现形式以表达自己的观点，还曾与许多来自世界各地的国际大牌、工作室和摄影师合作过。

你是如何计划和实现自己的想法的？一般流程是什么？

过程都是相同的：我先是有个想法，然后找到最佳的方法来实现它。我经常带着笔记本，随时记下我的想法以及实现它的方法，最佳角度、视角、色彩以及表现的形式。当开始编辑时，我会进行拍照，寻找到需要的元素，然后进行后期制作。

你对创作一幅天衣无缝、不可思议的作品的建议是什么？

光线、光线，还是光线！如果你想要一幅作品真实，光线很重要。如果有一个主光源，那么所有的事物都要以它为指导。图像的效果很重要，但细节是构成的关键。当你在润饰照片时，你总是希望能够更加近距离地观察细节，观察细节后隐藏的诀窍。因此，细节很重要。

夏天，2013

夜幕降临，2013

你是用什么方法进行缩放的？怎么能够创造出一个真实的效果，即使在比例上有明显的不同？

还是光线。如果你想放大某个物体，那么它必须有足够的清晰度，以确保在放大过程中不会丢失细节。无论对象是大还是小，阴影都会相应地进行改变。10 厘米的物体和 10 米的物体，光线的处理是相同的。你要仔细观察同样大小物体之间的关系。

你最喜欢 Photoshop 中的什么功能？

没什么特别喜欢的，我从来不使用任何自动选项和滤镜，或者类似功能。对我来说，真正使用的也就是最基本的工具和很多很多的图层。

你在作品中是如何运用色彩的？

我喜欢在生活中寻找参考物，并将其铭记在脑海中，然后试着将我喜欢的环境色和色板复制出来。

猎物，2013

因缘，2011

我不喜欢太过饱和或鲜艳的色彩，而喜欢柔和的色调，色彩单一些、饱和度低一些的色彩。

你的作品中一般会用多少张图像素材？

这得根据作品而定——有时是一幅、两幅，也许是 50 幅以上。很多时候，同样的东西我会拍摄 10 张以上，只是物体的角度、光线、位置会有些许的不同，所以我可以从中挑选出最好的图像。

创作中最大的挑战是什么，你是怎样解决的？

创作中出现的任何问题，我都不能直观地解决。我总是不明白什么地方错了，所以更喜欢直接删除它们；回到原点，是为了更好地进行创作。在创作中电脑图像的界面是最难的，因为整个过程很复杂，我也常常会寻求专家的帮助。

对那些希望进入这个行业的新人有什么建议吗？

大量地实践。利用每一个机会，获取经验和方法。多听听其他专业人士的意见，这一点很重要。因为他们是唯一能够给你提供有意义的反馈，并且帮助你提高水平的人。普通的场景最难做，因为光线和色彩是你的作品看起来是否具有专业水平的关键。成功不是一蹴而就的，而是年复一年的辛勤工作。多拜访一些艺术家，去看看展览，多读一些书，去学习一些课程，这些都会有助于技能的提升。

意大利面，2012

第十四章

大型场景

本章内容：

- 拍摄的角度要与背景的角度相一致
- 使用智能锐化滤镜
- 减少杂色
- 绘制植物
- 使用高级画笔预设绘制云和雾
- 为建筑物添加纹理

　　使用自定义进行绘制，能够让云变成雾，让植物变得有生命，即使是最平凡、普通的空间也可以转变成一个完全崭新的富有故事性的场景。这个案例是人与自然反转的系列作品之一，如果人类的扩张和自然反转之后，森林又会变成什么样子？在这个案例中，森林不断扩张吞噬了城区的大型超市，植物也侵蚀了车辆。当我把来自于真实照片的多种元素结合在一起时，这个想法就让这些元素的合成变得非常有趣。在最后，这个案例通过人类与自然的关系，对无缝合成中的景深、颜色、锐化、杂色和光线进行了讲解。

▶ **图14.1**　在这个假定的自然与人类角色互换的案例中，我以自然图像作为图像板，并且使用多种方法来对森林扩张的效果进行了绘制。

步骤1：素材照片

合成的关键不是如何使用Photoshop，而是置入 Photoshop 中的照片。在进行合成前，需要先有构想和灵感。首先我需要在附近找到一家商场，纽约州锡拉丘兹是最佳的外景拍摄地（图14.2）。在进行背景拍摄时，要先做好拍摄计划。

- 寻找拍摄点。寻找一个有利于后期进行添加和调整的透视角度。例如，商场的停车场，低角度的透视能够将整个构图扩展到上面阴沉的天空。

- 多拍，拍得越多越好。你也许会认为在相机里已经拍摄好了完美的照片，但当在电脑屏幕上放大时可能就会暴露出各种缺陷，以至于最终无法使用。诀窍就是以各种角度大量地进行拍摄，这样能够增加使用率。

- 不要只想着内容，而是要在所拍摄的背景图像上寻找有趣的切入点，以便于后期内容的添加。即使你不清楚具体怎么做，也要提前为后续的制作留有余地。图14.2的拍摄角度向上倾斜，即使在商场的顶部添加内容，也不会感觉到太压抑。如果图像不是使用长焦镜头进行拍摄的，在后期制作中改变物体的位置就会产生怪异的效果，有点像嘉年华乐

图 14.2 这张商场（无名）的照片因为其周围整齐而宽阔的环境和其城市化的特征而成为了一张理想的背景图片。

趣屋里哈哈镜的效果。

- 尽可能地使用三脚架！虽然有时在日光下拍摄可以不使用三脚架，但使用三脚架可以使拍摄更加稳定。

设置和使用三脚架虽然减慢了整个拍摄过程，但与快速的行走拍摄相比，能够让你更加深入地对合成的内容进行思考。

在魁北克的蒙特利尔市中心是看不到瀑布的，当我正对着图14.3这个建筑进行拍摄时，这个想法很快就出现在了我的脑海中。这个极直角的建筑物能够很好地与喷溅的水形成对比。这样的背景图像更容易进行合成，能够让破坏的过程更加自然。

图 14.3　在这个案例中，以背景图片为基础在上面添加新的内容。瀑布更加凸显了这座现代建筑物的刚毅和巨大。

图 14.4　我去秘鲁附近旅行时拍摄了很多照片，这个案例中的图像板就是由那次旅行的照片组合而成的。

步骤2：创建图像板

　　作为创意者，我发现旅行和摄影是创作中非常重要的一部分。在我的图片数据库中积攒了一定数量和多种类型的图片，以便于我能够创作出独一无二的作品。在这个案例中，我将可用的照片制作成了图像板，再从中挑选出适合的图像进行合成。这个案例中一些优秀的照片都是我在海拔 15000 英尺的亚马逊源头丛林徒步的过程中拍摄的（图 14.4）。尽管都是一些绿地和园林，但在创作合成时可能会使用到。

　　创建自己的图像档案非常重要，在创作的过程中无论是需要晴天、雨天还是雪天的场景，在你收集的图像中都可以随时找到适合的纹理，创建出需要的图像板。要不断地收集！（在赠送的第 16 章中你将会更深地体会到这点的重要性。）

通常文件夹会堆叠成一排，可在合成文件中对这些文件夹进行有序的整理（图14.5）。注意效果文件夹要位于顶部，而其他需要绘制和合成的文件夹要放置在底部。在忙于创建文件夹时，可能会忽略此步骤，但整理文件夹是非常重要的，最好花些时间来整理，以便于后续工作的顺利进行。

这样，就可以来回在各个文件夹中进行操作了。

步骤3：锐化和减少杂色

在进行合成之前，我需要对素材图像进行调整。就像是为了蔬菜的生长要先给贫瘠的土地施肥，要对用以合成的元素使用智能锐化和减少杂色滤镜。为了保证此操作的无损性，选择滤镜 > 转换为智能滤镜将图层转换为智能对象，这样就可以像使用智能滤镜一样地使用滤镜了（图14.6）。（或者可以在图层面板中的图层名称上单击右键，从快捷菜单中选择转换为智能对象。）智能滤镜不仅可以使用蒙版进行反复修改、删除，甚至还可以暂时关闭滤镜效果的可见性。

图 14.5　这些文件夹为合成的进行建立好了层级框架。

图 14.6　将图层转换为智能对象后就可以使用无损的智能滤镜了。

注意　千万不要把已经是智能对象的图层再次转化为智能对象，尽管在操作上没有问题。再次转化为智能对象时，会对之前的智能编辑进行合并。同理，在转化智能对象前，不能使用蒙版。在对带有蒙版的图层进行转换时，Photoshop 会直接删除图像中蒙版的内容。

智能锐化滤镜的功能（滤镜 > 锐化 > 智能锐化）在 Photoshop CC 中得以改进，在原有的数量和半径的基础上添加了减少杂色滑块。之前在锐化的过程中，当半径和数量值超过数值时，就会出现虚边。现在如图 14.7 所示，数量为 300%，半径为 2 像素，减少杂色为 38%，背景图像依然完好。（如果你使用的是 Photoshop CS6 或更旧的版本，数量值不要超过 100%，半径不要超过 3 像素，虽然会稍微有一点杂色，但不会出现虚边。）

减少杂色

杂色——在静态图像中的视觉杂色，就像是散在图片里的沙子——但它在 Photoshop CC 里遇到了对手。减少杂色滤镜比早期的版本能够更好地去除杂色，并且也能够很好地去除颜色中随机产生的杂色（图 14.8）。

> 提示 当拍摄的照片为 RAW 格式时，在合成之前使用 RAW 编辑器的减少杂色功能。RAW 减少杂色滑块具有更强大和精确的功能，能够用多种方法去除各种类型的杂色。

我通常是在使用智能锐化滤镜后再使用减少杂色滤镜（主要针对颜色），这样就可以更好地调整数值。当锐化增强时，也就意味着杂色和颗粒一起锐化增强了。如果先使用减少杂色滤镜，那么就会遗留下高反差的杂色，这样会使图片不够柔和。选择滤镜 >

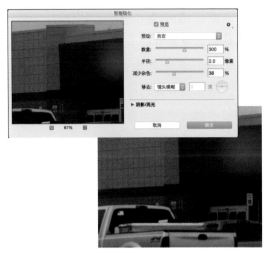

图 14.7 智能锐化确实名副其实——在 Photoshop CC 中的智能锐化滤镜非常好用。

图 14.8 杂色，尤其是彩色杂色，会破坏数码图像的质量以至于影响合成的效果——比如把一张有杂色的照片同一张无杂色的照片进行合成时。

杂色＞减少杂色，使用减少杂色滤镜将减少杂色值设置为 100% 减少杂色（图 14.9）。

　　然而在最后还是会有一些杂色，在合成中尽可能让各个图像的质量一致（包括杂色），所以从开始合成时就将所有图像的杂色都减少到一个相当低的水平（尽量将彩色的杂色全部去除掉）。有的时候为了合成要与那些不能进行修复的图像相一致，会在图像上添加杂色。这种情况很少会出现，但它确实是存在的。选择滤镜＞杂色＞添加杂色滤镜以添加杂色，但要勾选单色，这样就不会产生彩色的杂色。

> 提示　尽可能使用最低的 ISO 值和适度的曝光以避免杂色的产生。（请参阅第五章内容，有更多关于减少相机杂色的方法。）

步骤4：强化前景，加强景深

　　创造立体感能让人有一种身临其境的感觉，带有景深的前景是最佳的选择。在这个案例中，我幸运地在自己的图片库中找到了同时具有这两种属性的照片：如图 14.10 所示，这个树后面带有景深的云景。

　　在马丘比丘拍摄的这张照片，与我的背景图片拥有类似的多云潮湿的属性，它不仅有前景还有景深，其气氛与光线也十分符合案例所想要的效果。当你找到这样适合的图像时，那就开始合成吧！前后景不一定非得一起使用，也可以分开使用。两张图像进行叠加也比较容易，因为从结构上来说，它们彼此之间都留有可用的空间。

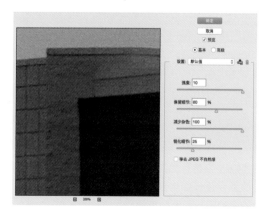

图 14.9　减少杂色滤镜对去除锐化后的杂色效果非常好，尤其是 Photoshop CS6 和之后的版本。

图 14.10　在合成中这张照片既可以作前景也可以作背景。

拆分成两张图像

因为在马丘比丘拍摄的这张照片既可以作前景也可以作背景，所以我需要将它拆分成两张图像，然后把前景（树）放置在位于商场文件夹（存放基础图像）上面的树文件夹中，把背景（山和云）放置在位于图层堆下面的背景文件夹中。我就像是在切一个三明治一样，将这张在马丘比丘拍摄的照片一分为二。

把树的照片放入文件夹后，将文件夹复制（Ctrl / Cmd + J）两个文件夹。在复制出的树文件夹的副本中，使用快速选择工具选取树干，减去（按住 Alt/Opt 键进行点击）叶子间大缝隙的选区。取消掉正确的选区很重要，因为调整边缘工具很擅长于添加选区，而不是取消选区。所以在实践时，不仅仅要选对选区，而且还要取消对选区（图 14.11）。

> **注意**　当边缘清晰时使用快速选择工具是最佳的选择，当选择区域与背景在颜色上非常相近时使用快速选择工具进行选择就会很难。在选区上反复地进行细节的调整，以至于得到完美的选区。

图 **14.11**　使用快速选择工具制作完选区后，一定要减去树叶与树枝间大缝隙的选区。

因为此图层最顶部的部分会作为背景被使用，所以我对底部的树干与树叶进行了调整。点击选项栏中的调整边缘图标，弹出调整边缘对话框，选择调整半径工具绘制选区边缘。通过调整笔刷的大小，绘制出Photoshop没有自动生成的树皮和树叶的边缘。因为它偶尔也会减掉一些需要的选区，所以一定要小心。

图14.12 在调整边缘对话框中选择调整半径工具，在树叶的周围进行绘制。

> 提示 如果想要去除调整半径工具绘制的部分，可以切换成抹除调整工具进行擦除，抹除调整工具的功能就像是可对选区使用的橡皮擦。

当使用调整半径工具绘制出满意的边缘，将滑块调整到适宜的数值时，点击确定按钮返回到主图像中查看新产生的选区（图14.12）。为了前后的层次关系，点击图层面板中的添加蒙版图标█创建蒙版。

步骤5：给商场使用蒙版

为了给雾和山腾出空间，需要将灰色的沉闷的天空去除掉，这里再次使用快速选择工具（W）。选择天空，因为颜色统一比较易于选择，然后按Ctrl/Cmd+Shift+I快捷键进行反向选择（图14.13）。

对选区进行调整，再次打开调整边缘对话框及其滑块。使用平滑滑块整理选区（图

图14.13 为了提高选区的制作效率，先选择像天空这样非常正的区域，然后按Ctrl/Cmd+Shift+I快捷键进行反向选择。

14.14），因为快速选择工具在首次选择倾斜的直线边缘时效果不是很好（请注意这是PS老版本存在的一个非常大的问题）。再添加1像素的羽化值以柔化那些锋利的拼接边界，将移动边缘设置为 -40，向内收缩选区边缘以去除虚边。

选区比之前好多了，但是事实上还是需要更精细的微调——就像早上对着镜子尽力靠得更近以便观察，是的，出去见人前的确需要梳洗打扮一番。在选区中，虚边和杂点都是最糟糕的东西。为了更好地进行查看，我喜欢用快速蒙版模式（按 Q 键或点击工具栏最下面的快速蒙版按钮  ），它会以半透明的红色显示出所有未做选区的区域。

当使用调整边缘中的平滑滑块时，它会不可避免地减少一些细节。在这个案例中，灯柱中的一些细节丢失了。使用快速蒙版模式，用黑色绘制减去选区，用白色绘制添加选区，同蒙版的使用一样（图14.15）。为了使灯柱能够完全地被选择，用白色绘制直线，然后用黑色的线进行调整去除虚边。

返回到选区，选择小号的直径为 15 像素的柔边画笔，在灯柱右边的底部点击，然

图 14.14　平滑滑块能够很好地平滑选区。

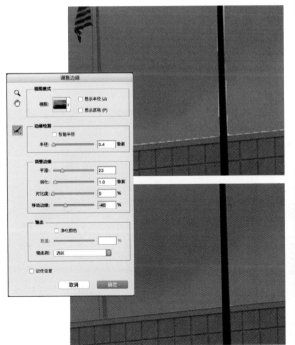

图 14.15　在进行遮盖前，使用快速蒙版模式能够查看到选区。

后按 Shift 键点击柱子右边的顶部，这样就能够绘制出一条直线。

Photoshop 能够将 A 点与 B 点连接形成一条直线。我在整个灯柱周围都绘制了直线，以让灯柱看起来更完整。使用一些自定义画笔，给角落和摄像头制作选区。当调整到满意的效果时，点击添加蒙版图标■。图 14.16 显示出了拆分后重新合成的效果。

步骤6：调整背景

根据前景和背景的特点进行调整，我用在秘鲁拍摄的照片的图像板绘制植物。在绘制植物时，可选的内容越多越好。和其他先选择好边缘再添加蒙版的元素不同，对有机物直接进行剪切和粘贴。然后添加蒙版，用画笔直接在蒙版上进行形状的调整（图14.17）。

图 14.16 给树与建筑物使用蒙版，可以看到建筑物被夹在了两个分离的前后景之间。

图 14.17 直接给绿色植物使用蒙版，然后在蒙版上绘制出想要的形状。

卡车被吞噬的效果

如图 14.18 所示，卡车被六个植物图层所覆盖，这就构成了植物生长的第一步。使用矩形选框工具从图像板中选出适合的部分，然后将每个部分复制 (Ctrl/Cmd+C) 粘贴 (Ctrl/Cmd+V) 到合成文件中，紧接着在图层面板中添加图层蒙版图标◙给其添加蒙版。同上一个案例一样，在蒙版上直接进行绘制，对植物进行调整，让其能够遮盖住卡车。

在图像板中进行选择时，尽量选择适合不过于夸张的图像，或者可以进行无缝融合的图像。下面是我选择图像的一些方法。

- 从各个角度观察对象的形态，思考所想要的形态效果。先从这个卡车开始，把头侧到一边观察这个植物的角度与形态是否适合（图 14.19）。

- 光线要尽量一致。阴雨天的光线比较柔和，这样可以在后期再添加新的光线效果。如果是晴天的话，由于阳光的照射会产生对比强烈的阴影，所以一定要选择可适用于后期合成的图像。

- 仔细观察，寻找可用的边缘细节。在原有的素材基础上进行绘制有助于无缝地合成。绘制出自然变化的路径，并变化多种形状进行绘制，因为随时都会有推翻重来的想法。

图 14.18　在合成中，我从植物图像板中选取了六个部分，并且给每部分都添加了蒙版。

图 14.19　在这个合成的场景中，我通过观察形状与形式选择出了第一个用以覆盖的植物。

绘制植物

现在所选的植物已经把卡车完全覆盖了（按 Ctrl/ Cmd+I 键对蒙版进行反相），以查看绘制出的形状。

绘制出凌乱的植物听起来很难，但实际上很简单。对选出的每个植物图层，都使用同样的操作。

1. 使用画笔浮动面板中的"画笔笔尖形状"，其中有一个有机的斑点效果的笔刷（干介质画笔 #1），然后切换到传递的控制面板中，将画笔控制的设置改为手绘板 控制: 钢笔压力 ⬧ 使用的钢笔压力（图 14.20）。

2. 点击植物的蒙版然后反相 (Ctrl/Cmd+I)，原来白色的蒙版现在变成了黑色，并且绿色的植物也暂时被擦除掉了。

3. 用白色绘制出想要的形状轮廓。最好的方法就是顺着植物自然生长的形态与方向进行绘制，无论是草丛、树叶、泥土还是任何其他的物质都是如此。绘制的边缘可以稍微向外一点，以便于对素材进行更好的观察。

必要时，可用黑色在蒙版上将不需要的部分减去（按 X 键在默认的黑色与白色间进行切换）。如果所画的区域已超出了所需要

图 14.20 干介质画笔 #1 和其他类似的画笔具有的自然斑点的形状，在蒙版上绘制能够模拟出树叶边缘的效果。

的植物区域（例如不小心连岩石也一起画上了），按 X 键切换成黑色进行修改。现在不仅仅除了岩石，而且还清楚地知道了岩石的边缘和形状。在这种情况下，我可以清楚地知道岩石的位置。

使用这种方法绘制每一个图层，在绘制蒙版前先把位置对好。但也有一些意外，比如说商场上面的树的边缘非常清晰。对于这样的图像，在使用蒙版和调整边缘前做好选区效果会更好。而对于那些边缘不清晰的图像，制作选区毫无意义。

提示　添加多种形式的边缘。即使找到一个直线边缘的区域，也要让其边缘有一些变化。

画笔技巧

在绘制有机材料时，需要使用适合的画笔。可以用画笔面板中的选项创建出一些有趣的画笔，下面是使用的方法。

● 使用散布设置。当需要产生随机的笔触效果时，可以使用这个设置。并且还可以添加纹理，原本涂抹均匀的笔触变成了分散的笔刷效果。

● 切换到双重画笔选项以减去或限制画笔的形状。这主要取决于第二个画笔的形状，双重画笔会将两个画笔不重叠的部分减去，从而产生出更加自然的感觉！伪装的好坏是决定内容是否具有真实感的关键。

● 如果你有手绘板，可以使用智能的传递设置选项。使用传递设置时，从选项栏的下拉菜单中选择钢笔压力，笔触会根据压力的不同产生不同的透明度，从而产生不同的笔触效果，甚至还可以模仿出在真实的介质上绘画的效果。

● 在属性栏中把画笔的流量降低到50%甚至更低（或按 Shift+5 组合键），这样能够更好地进行细节的调整。

● 画笔的笔尖形状不变，但想要实现柔化的边缘效果时，可以使用流量的设置。使用流量设置时，在一个区域内进行反复绘制可以增强不透明度——操作就是单击（只需反复移动，不需要单击出笔触）。

● 不要创建过于复杂的画笔。好的效果不一定非得用复杂的画笔才能实现。画笔有一些变化就已经足够了。

步骤7：加入废旧感，将X扔到一边

在这个角色反转的案例中，植物像往常一样不断地侵蚀着人类世界；在这个新的被侵蚀的区域中还有一家在营业的商场，尽管许多垃圾和招牌上的"X"都已经成为了树的"点心"。

在创建脏乱的褪色纹理时，我使用的是在第九章中添加给建筑的生锈的金属纹理（图 14.21）。当找到一个好的素材纹理时，你会反复地不断使用。直接在建筑的图层和蒙版上添加纹理图层，然后按住 Alt/Opt 键在两个图层间点击，将纹理图层剪切给下面可见的建筑图层。同第九章一样，将纹理图层的混合模式改为叠加混合模式，颜色会发生改变并且生锈的暗部会变得更暗。可以再在此图层上添加蒙版，根据需要调整纹理（图 14.22）。叠加混合模式会使纹理变亮，而不会像正片叠底混合模式和颜色加深混合模式那样让纹理变暗。对这个图层进行调整（包括缩放和调整）和使用蒙版后，呈现出了精致的废旧感。

图 14.21 把生锈的金属图层的混合模式设置为叠加混合模式，使建筑物很好地呈现出了废旧感。

图 14.22　设置为叠加混合模式的纹理图层与蒙版相结合，能够有效地控制各个部分的呈现效果。

图 14.23　O 和 X 是这个破坏的故事中的一部分，通过幽默的表现手法升华了主题。

换名

在商场换名时，我发现这个标志本身就很有意思。我先画了几个字母，给它们一些阴影（高光和阴影）以增强景深，然后重新安排它们受损的位置。为了让这个标志看起来像是大型商场的代表，我对字母的形状进行复制，将原本饱和的颜色变暗。

字母 O 感觉就像是在移动的过程中正往下掉的土块，而字母 X 本身就带有一种神秘感。为了让它具有故事性和幽默感，我将它扔到了树上（图 14.23）。丰富字母 X 的效果给其添加阴影，然后添加图层蒙版，将这个图层 ◨ 移动到图层面板最上面的植物图层的上面。

图 14.24　在树叶的蒙版中对字母 X 上面的部分进行遮盖，让字母有一种下沉的感觉。

为了让这个字母看起来像是被树困住了，我对字母 X 进行了移动和旋转。旋转移动工具（V），在选项栏中勾选显示变换控件，然后以顺时针方向对 X 进行旋转。下一步水平翻转，在图像上右击，从弹出的快捷菜单中选择水平翻转。在添加的图层蒙版上用黑色对遮盖的部分进行绘制（图 14.24）。

步骤8：制作云雾效果

在 Photoshop 里，云和雾都是很难制作和控制的，水也是如此。诀窍就是真实的照片和特定的画笔一起使用，就像是在绘制绿色植物时那样。在大多数情况下，使用的真实的照片越多，效果越好。画笔是对它进行修饰和完善的！下面是制作云雾缭绕效果的一些方法。

图 14.25　寻找一张可用以混合的边缘消散的云的图片。

- 所使用的云雾图片要有相同的感觉。在《森林扩张》的这个案例中，我使用的环境是在马丘比丘拍摄的另一张照片中的雾山（图 14.25）。最难的是要寻找到消散的边缘和云内部的主体。
- 在图层上创建蒙版，在其他操作之前先把边缘用纯黑色完全盖住。在进行遮盖前不要做选区，小心留下杂点。在清除时如果看到出现硬边，放大图像进行确认！
- 使用高级画笔设置绘制水蒸气，在下一节中会进行详细的讲解。

创建云雾笔刷

你也许会想把一朵云变成笔刷，这不是很简单嘛，但它只能是一个简单印章而不是云雾笔刷。我想创建出一个灵活的可以自定义的笔刷，于是使用一个现有的云雾图片（很像植物），在上面添加蒙版以模拟出水蒸气的效果，从而创建出一个可以自定义的云雾笔刷。将真实的云雾图片与笔刷相结合，用黑色和白色画笔来回切换（X）在蒙版上绘制出完美的云雾效果！下面是用以模拟出云雾效果的笔刷的参数设置。

- 39 像素的飞溅画笔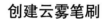，作为基础笔刷非常适合。
- 勾选形状动态选项，将控制设置为关，将角度抖动滑块调整到 50%，这样在绘制时就会产生多种喷溅的效果。
- 勾选散布选项，将散布滑块的数值增加到 210%。勾选两轴选项（图 14.26），就会产生中间重四周淡的雾气效果。

- 切换到传递选项，从控制的下拉菜单中选择钢笔压力（使用手绘板的时候会用到这个选项）；在绘画时会多一个控制参数，它能够更加自如地控制笔触。在绘制类似于云雾的效果时，用这种方法（加入自然随机的效果）改变密度是非常有效的。

- 将流量设置为 20%，在同一个区域内反复涂画加强颜色效果，并且同时会产生柔和的喷溅效果。

当流量为 100% 时，喷溅的效果太过明显（即使降低不透明度也是一样的）。流量限制了画笔的喷溅数量，其增加密度的原理同水蒸气进行自我聚集的原理一样（图14.27）。

图 14.26　调整画笔面板的参数，以获得最佳的效果。在这里我增加了散布滑块的数值和勾选了两轴选项。

图 14.27　使用自定义的画笔和已有的云图片进行结合，创造出了商场被雾气环绕的效果。

步骤9：进行最后的润色

在最后，我添加了一些带有透视感的云雾效果对商场顶部绿色植物的暗部进行柔化，以便于使它们混合出更加真实的效果，然后又对整个场景的光线进行了调整。

为了营造氛围，我在上面树文件夹中创建了一个新的空白图层，这样就可以直接在商场和植物的上面进行绘制了，同时还可以使前景和卡车被吞噬的效果保持不变。用大号低不透明度（6%）的白色圆头柔边画笔（这次不带有纹理）轻扫，以创造出景深感，让云雾看起来是包围在建筑的周围（图14.28）。

最后使用曲线调整图层将整个画面提亮，但下面的部分依然要暗一些，以便于不引人注意（图14.29）。

图 14.28 用白色柔边的低透明度的圆头笔刷创造出具有景深感的大气效果。

图 14.29 添加最后一个曲线调整图层，使图像更加突出，让场景中的焦点变得更加明显。

小结

很多像这样的案例归根结底都是对控制的掌控，总之是对图层、蒙版、杂色、锐化、形状、颜色和光线的把控。这就是 Photoshop 的全部，像《森林扩张》这个案例就是由各个小的控制组合在一起的练习。有点像游戏过关，每一关都有自己的技巧和收获！当然，也可以用不同的方式创造出类似于这个案例的场景。

当你有了创意就试着去实现它，用你的技术将它变成现实——在这个案例中，饥饿的植物代表了人类对自然的消费。

埃里克·约翰逊
erikjohanssonphoto.com

埃里克·约翰逊是来自瑞典的全职摄影师和修图师，他的工作地点在德国柏林。他既承接委托的项目，也为自己进行创作，有时还会进行一些街头的创作。埃里克描述他的工作时说道："我不捕捉精彩的瞬间，我只捕捉创意。对我来说，摄影仅仅是实现我脑海中创意的一个收集素材的渠道。我从周围日常的事物和每日看到的事物中获得灵感和启发。虽然一张照片由数百个图层构成，但我总希望它能够看起更加真实。每一个新的项目都是一个新的挑战，我的目标是尽可能地让效果更加逼真。"

在摄影和合成中你是如何使用光线的？

光线和透视对真实感的创造至关重要，这也就是我总是自己拍摄素材而不使用图片库的原因。我想要掌控全局。我经常在自然光下进行拍摄，即使是使用灯光，也会让其看起来像是在晴天或阴天下拍摄的效果。我不喜欢用摄影棚的光线效果。

你对合成中的颜色选择有什么好的方法？你会自己提前就设定好一个色板吗？

我经常在合成的最后才进行色调和颜色的调整，但是前提是要看起来自然。在合成的最后进行颜色调整比在一开始就进行颜色调整容易得多。我非常喜欢用低饱和度的颜色创造出强烈的对比。

对图层的管理你有什么好的建议吗？

尽量让所有图层的层级分明，并且让其进行无损编辑。给各个图层命名，并且给图层建立文件夹。虽然有时候这会看起来很麻烦，但是我始终坚持这个原则。

在 Photoshop 里，你最喜欢它的哪个方面，或者说哪个工具？

我超喜欢涂抹工具，我总是在使用它。我会先用蒙版建立一个大概的区域，然后使用涂抹工具在蒙版图层上对遮盖的边缘进行

走自己的路，2011

涂抹，让其更加完美地与其他图片进行融合。

你是如何拍摄出那些可以实现你创意的照片的？

要先安排好计划，尽量找到适合的拍摄点。在拍摄时，至关重要的一点就是光线和透视的角度要一致。另外，还要记住视角的角度。

你对那些没有能按计划完成的创作怎么看？如果是这样，你是如何解决的？

是的，虽然它不是经常发生，但确实是存在的。我有一个创意做了很久，几乎就要完成了，结果却发现这个合成的效果不是想要的。所以就直接放弃了，开始了新的创作，没有理由哭泣，只有不断地前行。

你能给那些想要从事这个行业的人一些建议吗？

努力学习！对工具的掌握需要时间，但先要对工具的最佳使用有所了解！另外就是大量地练习，在开始时这非常重要，你会从错误中不断地进行总结。尽可能地多拍摄一些照片，任何时候任何事情都可以学到知识。千万不要干坐着等灵感，多出去走一走，灵感自然就会来！

到目前为止，哪个是你最喜欢的作品？为什么？

总是下一个我将要创作的作品。我在不断地进行创作。

裁剪，2009

◀ 修路工人的咖啡时间，2011

第十五章

史诗般的奇幻景观

本章内容：

- 物体的大小要与风景的透视相协调
- 水流的物理特性
- 用蒙版制作石头
- 通过单一纹理来自定义屋顶草料
- 用纹理、副本和着色阴影来构建画面形象
- 通过野生动植物和太阳光线的添加来补充细节

创造奇幻景观除了需要想象力，还需要更大的毅力，并且还十分有趣——至少对我来说是这样。在研究自然景观超幻想化及其在广告中的作用时，我尝试设计了一些有趣的视觉效果。最终完成的作品就是《彩虹尽头》（图 15.1），它集中体现了在前面案例里使用的大多数技巧和方法。

和往常一样，这个项目也是从现有的图像照片开始的，灵感来自于我在徒步冒险的过程中拍摄的自然美景。存储卡很便宜，所以没有理由不留下一些或许会有用的东西。这个项目使用了多年存储下来的上百张图片，还包含了一些新的课程内容，如如何将瀑布及绿色的自然元素融合到风景中，如何通过多重选择制作木屋的层叠纹理，及如何用两块木板组装成一个完整的水车。

步骤1：铺设地面

在郁郁葱葱的纽约北部地区徒步，我几乎拍下了锡拉丘兹周围 100 英里内的所有瀑布，并从中找到了一些灵感，这些参考素材足够让我创出作一幅史诗般的巨作。基于这些照片和我图片库里的图片，我在脑海中形成了一幅初步的草稿（图

▶ **图15.1** 《彩虹尽头》有200多个图层，其中包括一小部分约塞美提国家公园、纽约北部、秘鲁、西班牙及其他地区。

图 15.2 画草图一直都是开始创作的好方法。这张草图就为深入刻画风景打好了基础。

15.2）。随后，我根据脑海里的草图开始组合我的原始图片素材，为合成做准备。

这里有一些对草稿进行深入的方法。

- 从纸上开始。在创作时，我发现一边在屏幕上浏览图片库和素材，一边用纸勾勒草图很有用。

- 找出合成的关键点。对我而言就是某种水车，一两个瀑布，一个小木屋，一个湖，还有花园及远处的山峦。用这种方式列出关键点可以帮你找到适合的图片，即使这张图片的画面布局和草图截然不同——那也没有关系！

- 将草图扫描或是拍摄下来，输入电脑里进行修改和补充。根据找到的图片情况，你可能会做出一定的修改，比如我没有找到可用的螺旋楼梯的图片，所以只好将它从草图中去掉。

之前在第六章和其他章节介绍了创建及管理图片色板的过程，

提示 在拍摄风景照片时，尽量多拍些不同角度的照片，这样在用电脑拼接时就会有更多的选择。

但在这里《彩虹尽头》将涉及另外的创作难点。在制作复杂的作品时，怎么收集有潜在用途的素材图片，以下是我使用的几种方法。

- 对照草图，找到能符合它的透视和视觉元素的图片，例如图片视角（POV）。如悬崖，要选择一张角度合适并与草图一致的悬崖图片（它是直面观者，还是有所角度，或高或低于观者的？），树林图片的大小、枝叶等要尽量符合草图上的情况。湖泊与水必须跟预想的透视角度完全一致，并且要符合重力规律；如果水流不符合它本身的流向，不管哪个角度，合成后的效果看上去都会非常奇怪。

- 按类别搜集：瀑布、悬崖、树木、山峦、茅草屋顶。将能用的图片按类别整理存放，这样在开始制作合成图片时会比较容易查找。如果不想创建图像板或者电脑内存不足以一次性打开大量的、多图层的文件，可以使用 Adobe Bridge 来制作。将图片放在触手可及的地方，这样至少在小憩片刻后还能很容易地重新打开那些所需要的图片。

- 找到你喜欢的图片，看看它们是否在设计作品中能够用到。在我的这个作品中，我使用了一张在附近牧场拍摄的向日葵的图片，它的光线合适，看起来也很符合整个作品的理念。此外，那些向日葵还给原来的画面增添了空间感。

提示　使用 Adobe Bridge 不仅可以浏览普通文件夹，还可以查看收藏夹。收藏夹功能可以把类似于主题的图片（如同是瀑布的图）添加到一个虚拟文件夹里——它并没有改变图片的实际位置。这个虚拟文件夹可以集合众多不同位置的图片，包括不同硬盘里的。在 Adobe Bridge 里点击收藏夹面板的收藏夹图标，把文件拖进去就可随时将选择的文件添加到新的收藏夹里。

图 15.3　找一幅你喜欢的图片（我选的是向日葵），看看你是否能把它用到作品中。

步骤2：调整大小及透视

在选好图片、创建好图像板后，接下来就是在制作过程中对透视和大小进行更加详细的调整。我在设计作品时，一旦对整体有了详细的想法，就开始将图片都放到合成中，看哪些关键地方需要做些调整以更好地搭配其他图片。当我找到这张不错的瀑布图片时（图 15.4），我把画面整体稍稍改动了一下来适应它完美的瀑布形状。创作这样类型的风景合成作品时会有很多取舍，在某些地方需要做出妥协：尽量使所用的图片符合自己的理念，同时也要让它们发挥主导作用，让图片来确定整个合成大的基调，这样整体看起来会更加合理。对画面做适当的调整使得合成看起来更加真实可信，同时也使成品最后呈现出不一样的效果。

想找到正确的透视关系，需要计划好图片的景深关系。提前找到相符的图片会有很大的帮助。有了图片，试着粗略地勾画出风景里的三大主要元素：近景、中景和远处的背景。这一步对于填充画面中间的其他元素有很大帮助，所以一定要花精力做好。图 15.5 是我的初步景深关系草图：向日葵在前景处，中景是茅草屋及后面的山，最远处还有一些远山作背景。理清这些主要元素的前后关系确实很有帮助，画

图 15.4 如果你发现了一张可用的特别有意思的图片，不妨改变一下原来的方案将它运用起来，这也是个很好的方法哦！

面其他元素及细节的刻画都可以顺理成章地进行下去了。

为了营造身临其境的感觉，我把向日葵放大在很靠前的地方，就像观者在桥上或窗户旁穿过向日葵眺望远方一样。作为画面前景，它给整个画面定下了一个完美的视角方向。我把背景处的大多数远山都添加在了一个图层上。确定好前景及背景这两个基础位置，其他内容的位置及大小都可根据它们来调整。在它们表面画草图，能帮我设想出茅草屋等其他物体的位置。

提示 我们的眼睛不能客观地观察事物，所以最好常常将图片沿水平方向翻转来查看一下（图像 > 图像旋转 > 水平方向）。翻转后的图像会给你一种全新的感觉，带着挑剔的眼光再来看看是否有不合适的地方。如果此时效果还是不够好，那么这张图本身肯定还有不当之处——所以你还需要继续调整下去。

步骤3：填充画面场景

当草图进一步细致化，有了清晰明确的视角和景深关系后，我就准备好着手拼凑这史诗般的风景了，这也是整个合成效果的精髓部分。尽管不像听起来那么简单，我只需要找到合适的素材图，将它们放在合适的场景里就行了。图 15.6 展示了不同素材逐个地一步步成形的过程。

找适合合成作品的素材图片很像玩一幅巨大的拼图游戏，只不过参考图像是在你自己的脑海中，你所选的图属于它们本身拼图的一部分。总而言之，首先要看所选图片的形状是否合适，然后比较它的亮部和暗部，

图 15.5 将关键图片的位置通过草图确定下来，经过缩放、前后重叠遮挡来营造画面的景深和透视关系。

图 15.6 对画面场景进行填充需要花一定时间和耐心，还需要一些好运气，但持续用挑剔的眼光来看待作品，你肯定会做得越来越好。

缩放大小及尺寸等。有些方法适用于任何形式的合成拼接，以下是我用到的几个方法。

- 动用你自己的想象蒙版。如同在设计时要找到一片合适的素材图，我必须仔细观察整幅大图像的某个小部分，同时在我的脑海中用想象力为那些没用的部分添加蒙版，只看那些有用的部分（图 15.7）。
- 在 Photoshop 中用纯黑仔细地涂抹每个图层的蒙版，将想象的蒙版效果变为真实的蒙版。蒙版的细节处理要尽量准确到位，敷衍了事地随便处理一层层累积起来的话，即使你对整体

合成效果有好的预期效果的把控，最后也很难再找到这些残留下来的不当之处，你得到的也不会是彩虹般绚丽的效果，而是一幅毛毛糙糙满是泥巴状的图。

- 如果你没有合适的图片，就可以用多张不同图片来拼接出你想要的那部分区域。你图像板中的图片不可能每张都是你想要的效果，选用两张或多张有相同特点的图片拼接出来的透视效果，会比单独使用它们的好得多。一幅完整图片里的各个元素如果看起来完全不搭调，我们便会发现它是有问题的，所以你可以将一个图层分解成

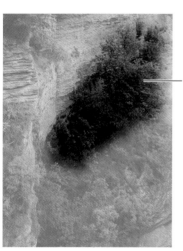

这部分放在河边上应该会很合适。

图 15.7 在选择可用的图片时，只需集中看图片的某个部分，不用关注整体图片。我把这种方式称作想象蒙版。

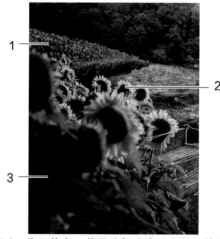

图 15.8 为了使向日葵图片部分达到完美的效果，我将素材图拆分成三部分再重新拼接起来，这样比使用一张完整图片效果好很多。

多个部分，单独调整每个部分才能让它们更好地融入整体效果之中。在图15.8中，我用了三部分向日葵图片使整体看起来更加和谐。

- 找到合适的光线效果。强烈的阳光直射效果不能灵活适用，且要将它跟画面整体搭配起来不容易。如果你碰巧能搭配上，那是最好了；不然你就得选用光线柔和一些的图片，然后自己添加光线效果。

- 使用剪切调整图层。每张图片都可能会有各种问题，如颜色、光影、噪点、不够锐利和模糊等。所以，最好使用剪切调整图层，不要用智能滤镜。

- 不要泄气！你所拼接出来的大部分效果可能看起来没什么实际问题，但是却毫无美感。在我的作品中，我知道随后可以做很多调整，通过减淡和加深来调整光感（在覆盖层上做无损修改），营造我想要的空间透视效果，使作品整体显得更加精致完美。所以在这个阶段，你只需要调整好形状、透视关系和整体视角就可以了，要相信大部分拼接起来的素材图是有一定用处的。

图 15.9 瀑布必须遵循重力规律，要确保它们都是朝同一方向往下流淌的。

步骤4：调整水势

合成水的图像有几个新难点：如重力、水流和倒影——所有我们肉眼一看就能发现不对的地方。一个瀑布肯定是向下流淌的，因此必须保证水的流向和飞溅的方向是正确的。

瀑布

对瀑布进行整形合成真是一个挑战。如果没有符合重力规律和水的自然流向，就预示着不会有好的合成效果。以下是我在调整《彩虹尽头》中的瀑布部分时一些比较有用的建议（图 15.9）。

● 要了解瀑布覆盖下的物体表面及其外形：想想你要加在上面的水流效果是否会自然顺畅。在这儿，你就需要开始选择能与背景相符的素材图了。如图 15.10 所示，我在添加水之前，先把瀑布所依附的其他实体部分准备好了。

图 15.10 先创建好瀑布要放的地方，以保证它的外形跟瀑布能吻合。

使用纹理画笔进行遮盖，不要使用选区进行遮盖。这样在蒙版上用黑色进行涂画能够打破选区工具的规整性，在进行大量的合成后能够使整体效果看起来更加真实可信。当你在使用蒙版前做选区时，通常会选到其他类似区域和一些容易附带选中的边缘区域。当你从每个瀑布图层上选用一小部分图片，把它们用个性化的方式来拼凑，以达到更加自然的效果时，有技巧地直接在蒙版上涂抹会方便快捷一些，而做选区会引起更多不便和繁复的步骤。在图 15.11 里，我用半径 15 像素的斑纹笔刷涂抹我所需要的水和岩石的边缘部分。

● 在制作过程中，始终坚持用剪切调整图层，做无损修改，保证各部分图片都能彼此协调。有时你需要用曲线调整层提亮水的高光部分，有时又需要改变水的颜色来匹配它周围的物体。

● 用黑色将所有边缘部分涂抹出来，确保没有任何笔刷残留痕迹，特别是那些轮廓鲜明的副本。我直接用 100% 不透明度黑色的圆头柔边画笔进行涂抹，这样就能保证在操作时不会漏掉哪个部分。

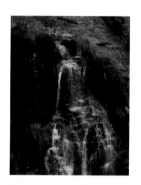

图 15.11 直接在图层蒙版上用黑色笔刷涂抹你想要的水流效果。

提示 通过隐藏图层和蒙版来查看是否有残留的笔刷痕迹。如果有残留痕迹，在切换图层可见性图标 ◉ 时，被蒙版覆盖的区域会有细微的变化。同样，禁用和启用（按住 shift 键单击蒙版缩略图）蒙版时也可看到是否有变化。

● 只粘贴你认为能与瀑布搭配的图片。这点似乎不值一提，却是很容易做错的地方。把整张瀑布的图片都放入文件（如 Adobe Bridge 里的图片置入功能）大多数情况下并没有你想象中那么有用，那样反而会使其他图层的调整变得更加困难。岩层会改变水流动的位置和方向，所以选择小的易于控制的部分图片能便于拼接出无缝融合的效果。此外，当你在处理像《彩虹尽头》这样200多个图层的文件时，选用整张大图会比小图要麻烦得多，即使你用的是高性能的电脑和64位系统版本的Photoshop也好不到哪里去。

湍急的河流

创作河流的过程跟瀑布很像，但也有其他复杂的地方，比如水的颜色、深度、流向、还有岩石，及最重要的——水流的透视。如果它们的位置不是顺应观者视线方向的话，那就不会形成你想要的奇幻景观中激流勇进的效果了（图 15.12）。在有对比变化的地方使用蒙版，如岩石边缘的水流部分，这样可以帮助达到无缝拼接的目的。在图 15.12 中能看到，随着顶部瀑布流入底部河流和瀑布，顶部瀑布下面绿色的水变成了白色条纹状的水流。这种穿过河流的阶梯状下降部分实际上就是两个河流图片间的接缝。

平静的湖泊

至少湖泊是静止不动的。像这种平静的物体跟水流和瀑布相比，在有些方面的处理会更加简单，但它确实又有一点不太容易处

图 15.12 将多个水的素材拼接成河流时，要保证它们在流向和视角上都是相一致的。

理的地方：倒影。如果你选的图片正好位置、透视等各方面都合适，那你就幸运了。不然，你还需要做出一定妥协，对图片进行取舍。除了湖泊，可能你还想在那部分区域放别的物体，这时如果你找到的图片里多少有点倒影的效果就好，否则很难融入整个大的画面中去。一种妥协的办法是，修改你原来的方案以便更加符合倒影的效果。或者，你可以自己画些倒影进去（任何作品都可能会有这种情况）。在《彩虹尽头》这幅作品里，湖泊图片的底部显得不太协调。所以我找了一张不错的小矮树图片来遮挡它——这是另一种值得记下的好方法。使用色彩混合模式的图层来调整水的颜色可以很方便地使画面其他部分及倒影相互协调起来。这幅图里水的倒影颜色原本是天空的蔚蓝色。

图 15.13 可见这张湖泊图片里，至少倒影跟背景处的远山及山脊中间的缺口对应上了。

> **提示** 最好尽量将效果处理得更加逼真，但是如果没办法做到特别逼真，就可以在画面美感和氛围上多下功夫。也许倒影不够完美，没关系，只管尽力做到接近真实就可以了，另外多注意下整体的合成效果。

彩虹

严格来说，彩虹不是水。但它的确需要水蒸气，也需要阳光直射。在奇幻风景作品中，有时可以不必太在意科学。你可以常常绘制一些不可能存在的东西，只要视觉上看起来真实可信就行。

制作彩虹的关键在于找到一张有相似背景的彩虹图片。图15.14是在约塞米蒂国家公园拍摄的，彩虹的后面已经是深色的背景了。那么，还需要一个提示让彩虹焕发光芒：尽管彩虹是由水形成的，但是它的处理方法跟火焰相同。按照第八章做火焰效果的方法来做即可，把彩虹的混合模式设为滤色。这样只有亮部元素能显现出来——正好适用于彩虹的效果！此外，仔细处理蒙版总是需要的。

提示　可以用渐变工具（快捷键 G）擦出彩虹，同时
要在选项栏将渐变预设为彩虹。做一个宽选框的选区，
对着较短的那端做渐变效果。接着，继续用蒙版和扭
曲工具将它调整成你需要的形状。

步骤5：植树

　　要找到合适的树、灌木丛或石头有时是相当
痛苦的，而要找到透视及角度都相符的更是难上
加难。所以，与其强制用不合适的图片来匹配周
围的景物，还不如出去踩点，寻找适合放入画面
的图片，这样会更加卓有成效（这种方式在前面
章节提到的所有拼接作品中都有用）。

图 15.14　将彩虹图片的混合模式设为滤色，可以
让彩虹的深色背景隐去，同时让它本身的色彩凸显
出来。

　　此外，出去踩点的好处还不止这一个
呢！你的眼睛长时间不间断地盯着同一幅图
像太久，会适应它以至于不能做出客观的判
断了。你是否注意到，有时你通宵把某个作
品强行做完后，第二天再来看时就会想，是
谁瞎了眼做出这么糟糕的东西？因此，还是
帮自己个忙，也是为你的眼睛、你的作品好
好考虑下吧：出去拍摄合适的素材图比强行
使用不合适的图片要好太多了。

　　对我来说，这意味着要找到一张精美的角
度完全一致的树木图片。我从公园里找到了它，
并且是从一个平缓的小山坡上向下俯视拍摄下
来的（图 15.15）。用移动工具将它水平翻转后，
发现它的光线效果同样非常协调。

图 15.15　出去拍摄一张角度和透视相符的照片吧，
会给你后面的工作省去不少麻烦。

图 15.16 采用色相混合模式能将绿叶瞬间变成花朵般的粉色。

用色相混合模式来调整颜色

我是从哪儿找着这棵粉色树的？不，我并没有找到，我在欺骗大家呢！在创作过程中，我知道这棵树的形状、视角和光线都很完美，却不是我想要的颜色。我希望这棵树能跳出来，能让画面中心有个关注点。绿色混合做得已经太多了，有什么补救方法呢？新建一个剪切图层吧，将混合模式设为色相便可快速改变树的颜色了（图 15.16）。就好像炖汤一样，这只是按照口味来上色罢了。

步骤6：用石头搭建茅草屋

好吧，坦白说，搭建茅草屋（图 15.17）确实需要相当大的耐心，运用很多蒙版做非常细致的处理才行——不过，至少我的背不会像亲自去搬这些石头那样疼啊（尽管那样可能更快一点）。搭建茅草屋先从详细的草图开始，依据草图从素材库里挑选合适的石头图片。之前我在秘鲁拍了很多不同角度的阶梯状石墙，所以有不少用得上的素材图（图 15.18）。

图 15.17 制作茅草屋是个相当长的过程，但是完成后会相当有成就感。

我要用这些照片来组成茅草屋的主要部分，遗憾的是，它们的光线不是我想要的效果。阴影处的石墙是最灵活可用的（也是最理想的），但是它们底部也有干草反射的强烈光感。这意味着如果我想要自上而下的光线效果，原本的石墙就需要上下颠倒过来。所以，我就这样做了（图 15.19）。

主要墙壁放置好后，剩下的其他部分就像在现实中盖房子一样，找到能吻合的石头一个个往上垒。仔细刻画石头边缘处的蒙版，这样才会有便于堆积石块的清晰参考线。选用原图上的一两个石头（其他的用蒙版去除），通过复制来制作出一面内容饱满的墙壁，这种方法也不错，可以给画面增加一点多样性。

转角处的石头堆积要注意了，需要十分仔细地使用蒙版来安排它们边缘处的位置（图15.20）。坦白而言，这实际上跟做标志设计差不多：都需要找合适的素材，并将它们合理地运用起来。从这个作品中我获得了几个处理石头图片的技巧，大家可以随意参考。

- 角度很重要。要搭建一个有立体感的，而不是像廉价的好莱坞式布景的房子，找到正确角度的图片是关键（或者通过旋转形成吻合的角度）。

- 把蒙版当泥浆一样使用。让石头间留有适当的空间和阴影能让墙面看起来

图 15.18 这些印加遗址的石墙图片有很多不同角度，是搭建茅草屋的最佳选择。

图 15.19 如果素材图片的光线是下边较亮，而你需要的是上边亮的效果，可以将图片的方向翻转过来。

更加连贯和真实，即使它是从 5 个不同墙面上拆下来组合而成的。一个石头的蒙版做出来后，要保留阴影和高光部分，然后在其上添加另一块石头。

- 别着急，慢慢来。如同砌墙一样，慢

图 15.20　多找一些有转角边缘的石头图片，刚好可以用在茅草屋墙壁的转角部分。

工才能出细活。急急忙忙的，只能做出粗制滥造的作品。如果这部分处理持续很长时间还是没做完，先去处理别的部分吧，回过头才有耐心继续把这部分做下去。

屋子周围的其他细节，我一个个往里添加的同时也都做出了调整。如各式各样的窗户（在西班牙拍的）、入口（多是用的印加遗址里的石头），还有花园（锡拉丘兹玫瑰花园）。有些图能很好地跟画面融合，但也有些不合适的部分必须用蒙版掩饰掉。即使如此，这些图片仍然组合出了一个相当不错的茅草屋，虽不是特别完美，但各个细节处理看起来还是比较到位和真实可信的。

步骤7：用画笔绘制茅草屋顶

有些时候你既找不到需要的图片，也没办法出去拍摄到它。这个作品里的茅草屋顶就是这样的：我没有多少可供参考的素材图片，附近也找不到可以拍摄的地方。这种情况之下，你必须更加富有创造力才行。在《彩虹尽头》这幅作品里，我把仅有的几幅图片都利用上了，创建了一个自定义画笔来做茅草屋顶（图15.21）。要创建你的自定义笔刷——茅草屋顶或其他东西——可以参考以下步骤。

1. 从你的茅草屋顶图片里（或其他图片）选一个没有太多独特细节的普通区域。如果有一个明显的不断重复的元素出现，那么用它做画笔刷出来的就是千篇一律的效果。我很幸运，至少还有一张能用来做茅草屋顶笔刷的图片。

图 15.21　茅草屋顶是自然风格小屋的标志性元素。我只用了一点素材库里的图来即兴创建了一个自定义画笔做剩下的部分。

2. 复制选区（按 Ctrl/Cmd+C 快捷键），创建一个大小相符的新文件（大多数情况下默认是在复制后新建文件）。将复制内容粘贴到新文件里（按 Ctrl/Cmd+V 快捷键）。需要注意的是，你也可以粘贴到原文件的新图层里，但是我习惯将它分出来，以便我用修复工具做些其他的调整。

3. 点击图层面板底部的添加蒙版图标⬛创建一个新蒙版，将所有清晰的边缘部分隐藏掉，只留茅草屋顶的中间部分即可（图15.22）。

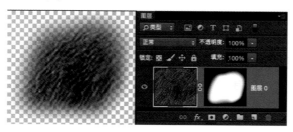

图 15.22

4. 在编辑菜单部分，点击自定义笔刷。可以将当前图层的选区部分转换成一个可以重复使用的灰度图像笔刷，在弹出提示框中给它输入一个恰当的笔刷名称。和其他笔刷一样，用它绘制时颜色是根据你的选择来定的，这里当然要选接近茅草的黄色啦。

> 提示　我通常先用黑白颜色的笔刷来做出想要的光影效果，然后新建一个色彩混合模式的图层来调整颜色。在这个新图层上，我可以用吸管工具从干草或茅草屋顶图片的暗部直接选取合适的颜色。

茅草屋顶的剩余部分，我既用了自定义画笔来做，也像做石墙部分时一样，直接复制了一些区域。在使用笔刷时，我只是快速点击，因为拖出笔画会使纹理变得模糊。不过这样做出来的效果很不错，可方便后期添加一些多样化的修改。

步骤8：用两块木板制作水车

当素材有限、没有合适的图片时，可以选择徒手创建你想要的东西，即使是像水车这样复杂的物体。没错，这个水车完全是我用两个木头纹理制作出来的。我将它们的位置调整合适后，再绘制上色使其变得真实、立体化。我用的处理方法异常简单。

1. 我选了一个基本木纹作为开始。这相当于在实际建筑项目中选择第一块木板，这里选的木纹就是这个建造过程的第一块板。

2. 我把这块木纹不断复制（按住 Alt/Opt 键同时用移动工具拖动鼠标）数个副本后，将它们按照草图上画的环形结构（图15.25）排列起来。因为这只是整个画面中很小的一部分，所以我并不担心它们看上去会千篇一律。另外，我知道绘制上阴影后会有不同的变化效果来弥补这个缺点。

图 15.23 这个水车只由两块木头纹理和阴影组成。

图 15.24 从一块没有阴影、没有体积感的木头纹理开始制作。

图 15.25 就像做现实生活中的木工一样，首先得将主要结构部分的木头安排好且能用之后，再做其他部分。

3. 将第一圈木纹位置放好后，我复制了一个相同的第二圈，这样车轮就更有空间感了。第一个车轮的所有木纹都是放在一个文件组里的，我选中这个文件组同时按 Alt/Opt 键拖曳出另一个同样的文件组放在下面。这样可以把第一个文件组里的所有图层都复制下来并放置于第一个车轮的下方。

4. 在选中新的文件组的同时，我用移动工具将它们向左上方位移，制作出车轮的空间感。

5. 我选用另一块木纹来做水车的桨和轮辐，根据需要，每次将它变换一个不同角度（图 15.27）。桨的每次变换效果都不同，在变形时最好的办法是，使用移动工具来单独自由变换每个转角（按住 Ctrl/Cmd 键拖曳鼠标），同时要注意透视合理。

6. 阴影和高光可将纯粹的平面纹理变得更有立体感，所以我新加了两个图层来提亮高光部分，同时增加了一些阴影部分来与整个画面的光线相协调（图 15.28）。在第一个叠加模式的图层上调整高光和大部分的阴影及边缘部分，用黑色绘制可以加深木头的自然纹理部分，用白色则可以提亮（就像用手电筒光束来照亮的效果）。在第二个图层上，我添加了一些颜色更深、边缘相对模糊的阴影；这个图层是正常模式，位于叠加模式图层之上。其实只有桨和其他部分的暗部需要进一步加深阴影部分。

图 15.26 与其花时间一个个重复调整每个木板纹理，不如直接复制所有的图层。

图 15.27 我用移动工具的变换功能将水车的桨调整形状，使其看起来更加真实可信。

图 15.28 阴影和高光使得平面的纹理显得真实立体起来。

步骤9：插入小鸟

　　我发现那些其乐融融的风景画里都包含两个方面，既有广阔无垠的风景，也有隐隐约约的细致小景，两者相辅相成才使得画面富有生机。为风景添加细节跟创作大的风景一样重要。它们能给观者意外的惊喜，同时使画面变得更有吸引力。小鸟最能体现出森林的活力。在《彩虹尽头》里，放入这些姿态不同的小鸟不仅可以定下整个画面的基调，同时也给风景里隐藏的细节增添了勃勃生机。广告人士和环保人士都非常善于使用野生动物，因此我的这幅作品也得有一两种鸟类才行。

图 15.29　复制图层，垂直翻转图片，降低不透明度后即可快速模拟出倒影效果。

- 鸭子。这几只在湖面玩耍的鸭子很明显是后放入画面的，因为它们没有合理的倒影。因此，我给它们做了一个倒影，这个细节不用太完美，只需表现出有真实倒影即可。用移动工具将它们复制后上下翻转，同时将不透明度降低到 44%（图 15.29）。

- 翱翔的大雁。这些吵闹的家伙是在光秃秃的天空下拍摄的（全是白色背景，也没有细节变化），采用变暗混合模式很容易将其放入画面之中。将该图层的混合模式设为变暗后，天空部分消失掉了，只留下 V 字形的大雁群，这样不

图 15.30　像图中的大雁这样在白色背景上的物体，通常只要设为变暗混合模式就能快速而利落地去除背景，只显现图片的暗部区域。

用蒙版我也可以随意放置它们。变暗混合模
式就是专门针对这种类型的图片使用的，它
会让亮部消失，只凸显暗部区域。（没错，
它与第八章节所讲的变亮模式是相对应的。）

- 天鹅。这么一个风景秀丽的环境，少了天鹅
的栖息应该会显得很不完整吧？好在我从
很久以前中学时期拍摄的胶片照片里找到
了一张天鹅图片。这张图片处理起来技术上
并不麻烦，因为它本身有很浅的倒影效果，
只要再添加一点蒙版，在新建图层上增加少
许颜色就行。我在天鹅之上新建了一个空白
图层，涂上黄橙色后将混合模式设为颜色便
达到了想要的效果（图 15.31）。

图 15.31 因为天鹅的素材图是黑白的，所
以我需要新建一个图层并将混合模式设为
颜色，从而给它添加上别的色彩。

步骤10：对整体效果进行润色

创建一个叠加混合模式的图层，做大笔刷来加
深或减淡某些区域（跟我创作其他合成作品时同样
的做法）。除此之外，我还使用第九章末尾提到
的光照效果，及空气透视效果来给画面增加深度，
同时使其效果更加柔和（在第九章和其他地方也
有介绍）。既然其他章节有详细说明，在这里就
简单做个快速回顾。

光照效果

首先新建一个图层，用大的飞溅笔刷（大小在
300 像素就行）涂上白色。只需单击一下就可以画出

图 15.32 透过薄雾的光照效果很有奇幻神
秘的气氛，用运动模糊来制作它一点也不难。

一个笔刷图案。给这个图层应用强烈的运动模糊效果，然后用移动工具（按 V 键）去拉伸图层，并根据需要旋转和变换，直到形成光线从淡淡的薄雾中穿过的效果（图 15.32）。

> 提示　按住 Ctrl/Cmd 键，拖动转角处的控制节点来调整透视关系。有时顺着光源看去，你会发现光线延伸到了画面之外，所以将底部的两个转角节点拖曳到作品外部效果也不错。

空气透视

除了光线之外，再加点空气效果会让室外风景作品更有真实感。正如在第九章和其他章节所讲的，制作空气透视效果很简单：物体离得越远，它被空气阻隔的感觉就越强烈。我仅用一个不透明度很低的，浅黄色圆形柔边画笔就做出了空气覆盖风景的效果（或者你也可以试试第十四章里的烟雾笔刷）。用浅色（10% 以下的不透明度）来画可以降低下层景物的对比度和清晰度，正好是生活中我们眺望远方的山峰或城市的感觉。如果此时你的作品看起来很不真实，也没有空间感，那么赶紧试试空气透视效果（图 15.33）吧，你会看到惊喜的哦！

图 15.33　给远处的物体增加空气透视效果，使得作品整体更有深度感、更连贯、更真实。

小结

《彩虹尽头》几乎集合了本书及其他书里介绍的所有技巧，你可以从中得到不少灵感。创作奇幻风景作品可以逼迫我们使出浑身解数来制作那些不可能存在的——却又是来源于现实的场景。对我来说，就好像经历了好几个不同目的地的愉快旅程。在这段旅程中，我发现最好的 Photoshop 作品不只是关在房间里用电脑制作出来的，有时候会让你走出去。很高兴《彩虹尽头》只是个开始，只是我冒险之旅中的一个风景。

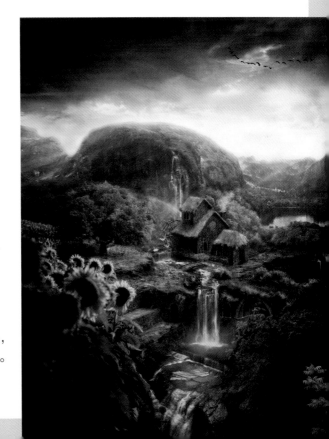

安德烈·沃林
andreewallin.com

安德烈·沃林是一位概念艺术家，也是广告和电影制作人。他的作品种类很多，从概念艺术、电影视觉预览到高端商业推广，如电影海报、杂志封面、大型广告板等。他合作过的客户包括环球、华纳兄弟、迪斯尼、数字领域、MPC、Blur、传奇影业。

你的工作流程是怎样的？

这个问题不好回答。坦白说，我真的从来没感觉我是个艺术家。即便现在我时常面对空白画布时，还会脑子空空不知道该画些什么，跟我第一次打开软件时的感觉一样。这样很好，能够迫使我变得更有创造力。我觉得，一旦你用艺术家似的方式来创作，你就完蛋了。我的创作过程通常是先做一个非常非常粗略的合成草图，然后粘贴一些图片或纹理进行补充。一般人可能不想让自己的作品显得很粗糙，我却喜欢让画面既保留沙砾般的纹理效果，又看起来仍然像一幅绘画作品。

你是什么时候开始用 Photoshop 的？

是 2001 年开始的。那时我 18 岁，偶然中发现了工作于 Valve 的艺术家 Dhabih Eng 写的一个教程。他写了不少关于 Photoshop 的教程，我觉得很有意思。简直就是一见钟情，我喜欢上了 Photoshop，迫不及待想要亲自尝试它。头四五年我一直是用鼠标在画，后来才用的 Wacom 数位板。

雨，2012

洛杉矶 2146，2012

末日后市，2009

你最喜欢这个软件的哪个功能呢？

我最喜欢对颜色、亮度和对比度进行调整，当然这不是 Photoshop 独有的功能。小时候我就喜欢乱涂乱画，但很少使用颜色。我这个人太懒了，只想在失去兴趣前以最快的方式将我的想法画出来。现在也是如此，多亏有 Photoshop 这样的软件我才能快速地试用多种不同主题的颜色。

怎样才能创作完美的作品？你有什么建议吗？

如果你去艺术院校，有人肯定会从学术的角度教你各个方面的知识，告诉你怎么做出优秀的作品。我从来没学过艺术，仅仅学了基本的三分法则而已。老实说，我是怎么看着舒服就怎么做。我总是先画个粗略的效果，把它翻转过后继续深入一会儿，然后翻转回来，这么反复做一个多小时。随后我将软件关闭，去干些别的事情放松一下眼睛，几个小时之后再来接着做。如果它看起来效果依旧不错，我就开始给它填充细节；如果感觉不太好，我就会找到是哪儿出错了，然后重新来做。

龙和士兵，2009

你是怎么计划和准备创作的呢？

我不怎么喜欢做计划和准备。对于我个人的艺术创作而言，我只喜欢在一天内把我脑海里当场蹦出的想法画出来。如果我能在几个小时内画出一部作品，那在第二天回过头来看时，就会觉得像是在看别人的作品似的。这样倒让我能更加客观地看待我的作品，同时比起花费一周的时间，我更享受快速完成作品的过程。

关于进入这个行业靠自己的艺术创作为生，你有没有什么建设性的建议？

如果你打算做自由职业者，就要做好思想准备，这条路上总是充满了起起落落。你必须热爱并长期坚持你所做的事情，除非你愿意为之做出最大努力，否则你永远都不会是一个成功的自由艺术家。但如果艺术只是你的一大爱好，那就不成问题了，这些事情你自然而然就能做到。说时容易做时难，不过只要你挺过了前几年，建立了自己的客户群及艺术家的关系圈，毋庸置疑，你将会有很不一样的精彩人生。

至今为止你最喜欢的作品是什么？为什么呢？

这个问题也不好回答啊。如果必须选一个的话，我想应该是龙和士兵吧。因为，我觉得它是我真正找到自己电影风格的作品。同样，它也是创作起来比较顺畅的作品之一，过程中轻松有趣，没有太大难度。

宁静山城，2010